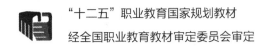

"十二五"职业教育国家规划教材

经全国职业教育教材审定委员会审定

GONGCHENG ZHITU

U0249522

工程制图

（第3版）

主编　陈彩萍

高等教育出版社·北京

内容提要

本书是"十二五"职业教育国家规划教材。

本书是在总结多年教学经验及第2版的基础上修订而成的。

本书内容包括：基本体的三视图及画法，立体表面交线的三视图画法，制图的基本知识和基本技能训练，组合体视图的绘制与识读，机件图样的绘制，常用零部件和结构要素的识读，零件图的绘制与识读，装配图的绘制与识读，计算机绘图基本技能训练及附录等。全书采用我国最新颁布的技术制图和机械制图国家标准及与制图有关的其他国家标准。

本书可供高职高专院校、继续教育学院等近机类和非机械类专业使用。

此外，与本书配套的《工程制图技能训练册》（第3版）同时出版，供各院校选用和参考。

图书在版编目（CIP）数据

工程制图/陈彩萍主编．－－3版．－－北京：高等教育出版社,2014.8

ISBN 978－7－04－039908－0

Ⅰ．①工⋯　Ⅱ．①陈⋯　Ⅲ．①工程制图-高等职业教育-教材　Ⅳ．①TB23

中国版本图书馆 CIP 数据核字（2014）第 095936 号

策划编辑　毛红斌	责任编辑　毛红斌	特约编辑　杨　磊	封面设计　杨立新
版式设计　马敬茹	插图绘制　杜晓丹	责任校对　孟　玲	责任印制　田　甜

出版发行　高等教育出版社	网　　址	http://www.hep.edu.cn
社　　址　北京市西城区德外大街4号		http://www.hep.com.cn
邮政编码　100120	网上订购	http://www.landraco.com
印　　刷　北京嘉实印刷有限公司		http://www.landraco.com.cn
开　　本　787mm ×1092mm　1/16		
印　　张　15.75	版　　次	2003 年 12 月第 1 版
字　　数　380 千字		2014 年 8 月第 3 版
购书热线　010－58581118	印　　次	2014 年 8 月第 1 次印刷
咨询电话　400－810－0598	定　　价	29.60 元

本书如有缺页、倒页、脱页等质量问题,请到所购图书销售部门联系调换

版权所有　侵权必究

物 料 号　39908－00

出 版 说 明

　　教材是教学过程的重要载体,加强教材建设是深化职业教育教学改革的有效途径,推进人才培养模式改革的重要条件,也是推动中高职协调发展的基础性工程,对促进现代职业教育体系建设,切实提高职业教育人才培养质量具有十分重要的作用。

　　为了认真贯彻《教育部关于"十二五"职业教育教材建设的若干意见》(教职成〔2012〕9 号),2012 年 12 月,教育部职业教育与成人教育司启动了"十二五"职业教育国家规划教材(高等职业教育部分)的选题立项工作。作为全国最大的职业教育教材出版基地,我社按照"统筹规划,优化结构,锤炼精品,鼓励创新"的原则,完成了立项选题的论证遴选与申报工作。在教育部职业教育与成人教育司随后组织的选题评审中,由我社申报的 1 338 种选题被确定为"十二五"职业教育国家规划教材立项选题。现在,这批选题相继完成了编写工作,并由全国职业教育教材审定委员会审定通过后,陆续出版。

　　这批规划教材中,部分为修订版,其前身多为普通高等教育"十一五"国家级规划教材(高职高专)或普通高等教育"十五"国家级规划教材(高职高专),在高等职业教育教学改革进程中不断吐故纳新,在长期的教学实践中接受检验并修改完善,是"锤炼精品"的基础与传承创新的硕果;部分为新编教材,反映了近年来高职院校教学内容与课程体系改革的成果,并对接新的职业标准和新的产业需求,反映新知识、新技术、新工艺和新方法,具有鲜明的时代特色和职教特色。无论是修订版,还是新编版,我社都将发挥自身在数字化教学资源建设方面的优势,为规划教材开发配备数字化教学资源,实现教材的一体化服务。

　　这批规划教材立项之时,也是国家职业教育专业教学资源库建设项目及国家精品资源共享课建设项目深入开展之际,而专业、课程、教材之间的紧密联系,无疑为融通教改项目、整合优质资源、打造精品力作奠定了基础。我社作为国家专业教学资源库平台建设和资源运营机构及国家精品开放课程项目组织实施单位,将建设成果以系列教材的形式成功申报立项,并在审定通过后陆续推出。这两个系列的规划教材,具有作者队伍强大、教改基础深厚、示范效应显著、配套资源丰富、纸质教材与在线资源一体化设计的鲜明特点,将是职业教育信息化条件下,扩展教学手段和范围,推动教学方式方法变革的重要媒介与典型代表。

　　教学改革无止境,精品教材永追求。我社将在今后一到两年内,集中优势力量,全力以赴,出版好、推广好这批规划教材,力促优质教材进校园、精品资源进课堂,从而更好地服务于高等职业教育教学改革,更好地服务于现代职教体系建设,更好地服务于青年成才。

高等教育出版社

2014 年 7 月

第3版前言

根据高等职业教育的发展和高端技能型应用人才的培养要求,本版在前版的基础上从高职高专学生就业岗位的实际出发,以培养学生绘制和阅读工程图样为目的,以解决生产实际问题为准则,对课程内容进行了适当的调整和删减,力求提升学生的绘图和识图能力。

本书具有以下特点:

(1)编排体系上,"以职业实践为主线,以项目化教学为主体",从投影作图入手,将读图与画图融为一体,淡化理论知识,突出技能训练。把基本体的三视图与点线面的投影整合为一个项目,统称为基本体的三视图及画法,并且根据立体表面的特征将点、线、面的投影特性融入教学过程中,以此来提高学生的读图和画图能力。

(2)学习内容的安排上,每个项目均有"知识目标"、"能力目标",对学习给予必要的提示;每个任务均有任务描述,使学生在学习过程中做到心中有数,提高学习效率。同时辅以"特别提示"、"思考"等,有利于知识的拓展与延伸。

(3)执行最新的国家标准,全部内容遵守最新的技术制图和机械制图等国家标准。

(4)书中图例的选取具有针对性和适用性,为工程中常见的形体和零件,使教学能更好地指导实践。

本教材适用于 56~72 学时教学,参考学时分配见下表。

参考学时分配表(推荐)

序号	授课内容	少 学 时		多 学 时	
		理论课	实践课	理论课	实践课
1	基本体的三视图及画法	4	2	6	2
2	立体表面交线的三视图画法	3	2	5	2
3	制图的基本知识和基本技能训练	3	2	4	2
4	组合体视图的绘制与识读	7	2	8	4
5	机件图样的绘制	6	3	8	4
6	常用零部件和结构要素的识读	5	2	6	2
7	零件图的绘制与识读	4	2	6	3
8	装配图的绘制与识读	3	2	4	2
9	计算机绘图基本技能训练	2	2	2	2
	小计	37	19	49	23
	合计	56		72	

本书可作为高职高专近机类和非机械类专业制图教材,亦可作为其他相近专业的参考用书。

本书由太原学院陈彩萍担任主编。参加编写的有:太原学院陈彩萍(导语、项目四、项目七和附录),太原学院武昭晖(项目一),运城职业技术学院员创治(项目八和项目九)、李小龙(项目六),太原理工大学阳泉学院赵彤涌(项目五)、马树焕(项目二),太原煤气化公司杨少宇(项目三)。

由于编者水平有限,书中难免有缺点和错误,敬请使用本书的教师和广大读者批评指正。

编者

2014 年 6 月

第 2 版前言

本书根据教育部高等学校工程图学教学指导委员会制定的"普通高等院校工程图学课程基本要求",汲取近年来教育教学改革的成功经验和广大使用者的意见,在第一版的基础上修订而成的。

本版仍保持第一版的编写风格,对于基本理论,贯彻以应用为目的,以必需、够用为度的教学原则。根据高等职业教育的发展和高素质技能型人才的培养目标,本版从高等职业教育的特点出发,强调画图和读图基本能力的培养,采用低起点逐渐提高的方法,培养学生的空间想象能力、形象思维能力、创新能力和工程意识。与第一版相比有以下特点:

1. 采用全新的国家标准。本书全面贯彻最新的国家标准,包括国家标准《技术制图》和《机械制图》,机件形状的表示方法,表面结构表示法、各种标准件的标注等。

2. 根据教学的连贯性,将章节编排进行了调整。把制图基本知识从第一版的第一章调整为第四章,在讲解完正投影的基本知识后进行,使全书在系统上比较科学,便于绘图的连续性。

3. 采用模块式课程结构。全书分为正投影基本知识、制图基本知识、图样表示法、工程图样的绘制与识读、计算机绘图五个模块,不同的专业可根据需要选择相应的模块重点学习。

4. 计算机绘图部分采用示例教学法,用实例介绍 AutoCAD 的基本功能和绘图方法。

5. 增加和替换了前版中的部分例题,使图例更有代表性。

本书由承德石油高等专科学校王冰审阅,在此表示衷心感谢。

本书由太原理工大学阳泉学院陈彩萍担任主编,参加编写的有:北方交通大学刘之汀(第二章),太原理工大学阳泉学院员创治(第三章、第九章和第十章)、赵彤涌(第四章、第五章)、陈彩萍(绪论、第一章、第七章和附录),山西机电学院宋志平(第六章、第八章)。

由于编者水平有限,书中难免有缺点和错误,敬请使用本书的教师和广大读者批评指正。

编者

2008 年 7 月

目　　录

导　　语

一、工程制图课程的性质和研究对象

根据投影原理、标准或有关规定表示工程对象，并有必要的技术说明的图形，称为图样。本课程所研究的图样主要是工程图样，也就是准确表达工程对象的形状、大小、相对位置及技术要求等内容的图样。工程图样是设计、制造、使用和技术交流的重要技术文件，是工程界通用的技术语言。高等职业教育的培养目标是高端技能型应用人才，作为生产、管理第一线的工程技术人员必须具有识读和绘制工程图样的基本知识和基本技能。

工程制图是研究绘制和识读工程图样基本原理和基本方法的一门技术基础课，是实践性和应用性均较强的课程。

二、学习工程制图的目的和任务

本课程的主要目的是培养学生的绘制和阅读工程图样的能力。其主要任务是：

（1）学习正投影法的基本理论及其应用。

（2）能正确地使用绘图工具和仪器，培养绘制和识读零件图和装配图的基本能力。

（3）培养空间想象能力和创新能力。

（4）掌握工程制图国家标准的基本内容，具有查阅标准和工程手册的初步能力。

（5）培养认真负责的工作态度和耐心细致的工作作风。

三、工程制图课程的主要内容与基本要求

工程制图课程的主要内容包括立体的三视图画法、制图的基本知识和基本技能、工程图样表示法、工程图样的绘制与阅读及计算机绘图等内容。学习这些内容应达到以下基本要求：

1. 立体的三视图画法

研究用正投影法图示空间形体的基本理论和方法。通过学习熟练地运用正投影法，将空间物体用平面图形表示出来，并且还要根据平面图形将物体的形状想象出来，学习中要注重培养空间想象能力和空间思维能力。

2. 制图的基本知识和基本技能

主要介绍制图的基本知识和基本规定，了解国家标准的基本规定，学会正确使用绘图工具和仪器，掌握绘图的基本技能。

3. 工程图样表示法

介绍用投影图表达物体内外结构形状、大小以及常用结构要素的特殊表示法。通过学习要熟练掌握各种表达方法，并能正确运用表达方法绘制常见机构的图样，同时具有根据视图想象出物体形状的读图能力。

4. 工程制图样的绘制与阅读

主要是培养绘制和阅读工程图样的基本能力，这也是学习工程制图课程的目的。要具有绘制和阅读中等难度的零件图和装配图的基本能力。

5. 计算机绘图

初步掌握应用通用软件绘制工程图样的基本方法，能够熟练地操作计算机，适应现代设计、制造技术的发展，为进一步学习打下坚实的基础。

四、工程制图的学习方法

（1）学习理论部分时，要牢固掌握正投影的基本知识，应将投影分析、几何作图同空间想象、分析判断结合起来，由浅入深，由简到繁地多看、多画、多想，不断地由物画图，由图想物，提高空间分析能力和空间想象能力。

（2）学习制图应用时，学会应用形体分析法、线面分析法的基本理论和方法，并用国家标准中有关技术制图的规定，正确熟练地绘制和阅读工程图样。

（3）要学与练相结合。想学好工程制图，使自己具有画图和读图的本领，每堂课后要完成一定量的训练，认认真真、反反复复地练习，练习时要善于分析已知条件，并按训练要求正确做图。

（4）绘图和读图能力要通过实践来培养。在绘图实践中，要养成正确使用绘图仪器和绘图工具的习惯，掌握正确查阅和使用有关手册的方法。

（5）绘图和读图是一件十分细致的工作，实际工作中不得出现任何差错，学习中对每条线、每个符号都必须认真对待，一丝不苟，严格遵守技术制图和机械制图等国家标准。

工程图样有统一的格式和要求，画出的图样应做到：投影正确，视图选择和配置恰当，尺寸完整，字体工整，图面整洁，符合技术制图等国家标准。

项目 一

基本体的三视图及画法

知识目标　(1) 认知正投影的特性；
　　　　　(2) 熟悉三面投影的形成、三面投影的规律及方位关系；
　　　　　(3) 熟知点、直线、平面的投影规律，特别是特殊位置直线、平面的投影规律；
　　　　　(4) 认清几何体，熟知基本几何体的三视图画法；
　　　　　(5) 认知轴测投影的特点及绘制。

能力目标　(1) 正确理解正投影法的概念，并熟练地运用；
　　　　　(2) 根据点、直线和平面的投影规律，作出相应的投影图和立体图；
　　　　　(3) 根据模型熟练地绘制物体的三视图；
　　　　　(4) 根据三视图绘制立体的轴测图。

任务 1　投影法的基本知识

任务描述

在生产实践中，人们创造了用物体的投影来表达物体形状的方法。正投影图能准确表达物体的形状，度量性好，作图方便，在工程上得到广泛的应用。工程图样主要是用正投影法绘制的。学习中了解投影法的种类，掌握正投影的基本性质。

一、投影法的概念

在日常生活中，空间物体在光线的照射下，在地上或墙上产生了影子，这就是投影的自然现象。把投影的自然现象用几何的方法经过科学总结，形成各种投影法。如图 1 – 1 所示，将光源用点 S 表示，称为投射中心，平面 H 是得到投影的面，称为投影面，如在点 S、平面 H 之间有一点 A，则该点在平面 H 上的投影在点 S、A 连线的延长线与投影面 H 的交点 a 处，Sa 称为投射线，点 a 称为点 A 的投影。投射线通过物体向预定投影面进行投射而得到图形的方法称为投影法。

二、投影法的种类

根据投射线之间的相对位置关系，常用的投影法有两大类：中心投影法和平行投影法。

1. 中心投影法

全部投射线都从一点（投射中心 S）投射出，在投影面上做出物体投影的方法，称为中心投影法，如图 1 – 1 所示。中心投影法其投影大小与物体和投影面之间距离有关，一般不能反映空间物体表面的真实形状和大小。工程上常用中心投影法画建筑透视图。

2. 平行投影法

若将图 1 – 1 中的投射中心移至无穷远，则所有投射线都相互平行，如图 1 – 2 所示，这种投影法称为平行投影法。

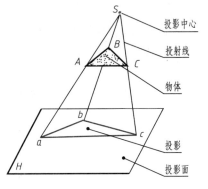

图 1 – 1 中心投影法

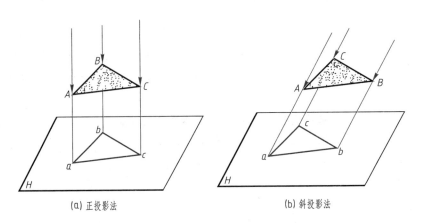

(a) 正投影法　　　　　　(b) 斜投影法

图 1 – 2 平行投影法

根据投射线是否垂直于投影面，平行投影法又分为两种。

（1）正投影法。投射线垂直于投影面的投影方法称为正投影法，所得投影称为正投影，如图 1 – 2a 所示。

（2）斜投影法。投射线倾斜于投影面的投影方法称为斜投影法，所得投影称为斜投影，如图 1 – 2b 所示。

平行投影法其投影大小与物体和投影面之间距离无关。

由于正投影法能准确地表达物体的形状和大小，而且度量性好，因此在工程制图中广泛应用，所以正投影法是本课程学习的主要内容。

三、正投影法的基本性质

1. 真实性

当直线或平面平行于投影面时，投影反映直线的实长或平面的实形，如图1-3a所示。

2. 积聚性

当直线或平面垂直于投影面时，直线的投影积聚为点，平面的投影积聚成线段，如图1-3b所示。

3. 类似性

当直线或平面倾斜于投影面时，直线的投影变短，平面的投影为原形的类似形，如图1-3c所示。

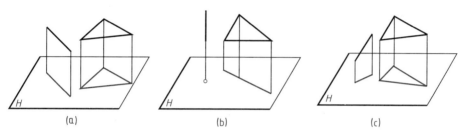

图1-3　正投影的基本特性

任务2　三面投影与三视图的关系

任务描述

用正投影绘制出物体的图形，称为视图。一面视图一般不能完全表达物体的形状、大小，为了清楚表达物体，工程上常用三面视图。那么，搞清三面视图的投影关系、方位关系是该任务的重点，它是开启画图和读图的金钥匙。

一、三投影面体系的建立

一般情况下，物体的一个投影不能确定其形状，要想反映物体的完整形状，必须有从不同的方向得到的投影图，这些图互相补充，才能将物体的形状表达清楚。工程图中一般采用三面正投影的画法来表达物体的形状。

三投影面体系是由三个相互垂直的投影面所组成，如图1-4所示，正立投影面——简称正面，用 V 表示；水平投影面——简称水平面，用 H 表示；侧立投影

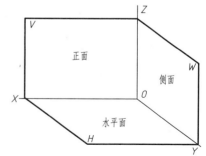

图1-4　三投影面体系

面——简称侧面，用 W 表示。

二、三视图的对应关系

物体在三投影面体系中投影所得图形，称为三视图。将物体置于三投影面体系中，按正投影法分别向三个投影面投影，由前向后投射在 V 面上的视图叫主视图；由上向下投射在 H 面上的视图叫俯视图；由左向右投射在 W 面上的视图叫左视图，如图 1-5a 所示。

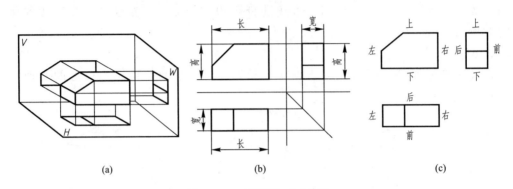

(a)　　　　　　　　　(b)　　　　　　　　　(c)

图 1-5　三视图的对应关系

将三视图旋转展开到同一图面上后，使物体的各视图有规律地配置，相互之间形成对应关系。

1. 尺寸关系

物体有长、宽、高三个方向的尺寸，每个视图能反映物体两个方向的尺寸，主视图反映长度和高度，俯视图反映长度和宽度，左视图反映高度和宽度，这样两个视图同一方向的尺寸应相等，即：

主、俯视图同时反映物体的长度，它们之间具有"长对正"的投影关系；

主、左视图同时反映物体的高度，它们之间具有"高平齐"的投影关系；

俯、左视图同时反映物体的宽度，它们之间具有"宽相等"的投影关系。

三视图之间"长对正、高平齐、宽相等"的三等关系就是三视图的投影规律，如图 1-5b 所示。

2. 方位关系

物体有上、下、左、右、前、后六个方位，主视图反映物体的上下和左右，俯视图反映物体的前后和左右，左视图反映物体的前后和上下。这样在俯左视图中靠近主视图的一边表示物体的后面，远离主视图的一边，表示物体的前面，如图 1-5c 所示。

任务 3　点的投影作图

任务描述

点是组成线、面和体的最基本几何元素，要想准确的画出物体的三视图，必须掌握点的投影规律和点的投影作图。

一、点在三投影面体系中的投影

点的投影仍然是点，而且是唯一的，如图 1-6 中的 A 点，在 H 平面的投影为一点 a。但是，已知点的一个投影 b 并不能够确定空间点的位置。因此，为了确定空间立体的形状，可采用多面正投影法。

将点 A 置于三面投影体系中，自点 A 分别向三个投影面作垂线，它们的垂足就是点 A 分别在三个投影面上的投影，如图 1-7a 所示。点 A 在水平面 H 上的投影为 a；点 A 在正面 V 上的投影为 a'；点 A 在侧面 W 上投影为 a"。

空间点用大写字母表示，并规定水平投影用相应的小写字母表示，正面投影用相应的小写字母上加一撇表示，侧面投影用相应的小写字母加两撇表示。

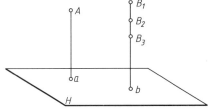

图 1-6 点的投影图

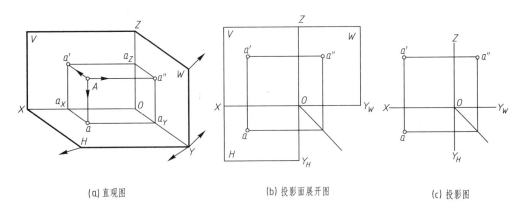

(a)直观图　　(b)投影面展开图　　(c)投影图

图 1-7 点在三个投影面中的投影

为使投影画在同一平面上，需将投影面展开。先将空间点 A 移去，规定：V 面保持不动，水平面（H 面）绕 OX 轴向下旋转 90°，侧面（W 面）绕 OZ 轴向右旋转 90°，使它们与 V 面展成同一平面，这样就得到图 1-7b 所示的投影图。OY 轴随 H、W 面分为两处，分别以 OY_H、OY_W 表示。实际画图时投影面的边框不必画出，如图 1-7c 所示。

特别提示

➤ 因投影面是无限大的，所以可以去掉投影面的边框线。

➤ 采用正投影法，投影图与物体到投影面的距离无关，作图时可以不画投影轴。

点的三面投影规律：

（1）点的投影连线垂直于投影轴。即：$a'a\perp OX$，$a'a''\perp OZ$。

（2）点的投影到投影轴的距离，等于该点的坐标，也就是该点到相应投影面的距离。

二、点的三面投影与直角坐标的关系

若将投影面体系当作空间直角坐标系，把 V、H、W 当作坐标面，投影轴 OX、OY、OZ 当作坐标轴，原点 O 作为原点。

如图 1-8 所示，点 A 的空间位置可以用直角坐标 (x,y,z) 来表示。其投影与坐标的关系为：

点 A 的 x 坐标值 $= Oa_X = aa_Y = a'a_Z = Aa''$，反映点 A 到 W 面的距离；

点 A 的 y 坐标值 $= Oa_Y = aa_X = a''a_Z = Aa'$，反映点 A 到 V 面的距离；

点 A 的 z 坐标值 $= Oa_Z = a'a_X = a''a_Y = Aa$，反映点 A 到 H 面的距离。

投影 a 由点 A 的 x、y 坐标值确定，a' 由点 A 的 x、z 的坐标值确定，a'' 由点 A 的 y、z 坐标值确定。所以已知点 A 的坐标值 (x,y,z) 后，就能唯一确定它的三面投影。

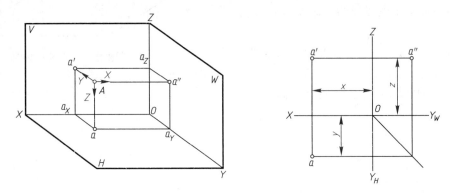

图 1-8 点的投影与坐标的关系

[例 1-1] 已知点的坐标值为 $A(15,5,10)$，求作点 A 的三面投影图。

分析 已知空间点的三个坐标，可作出该点的两个投影，再求作第三投影。

作图 如图 1-9 所示，在 OX 轴上量取 15 mm 得 a_X，过 a_X 作 OX 的垂线向下量取 5 mm 得 a，向上量取 10 mm 得 a'，由 a、a' 作出 a''。

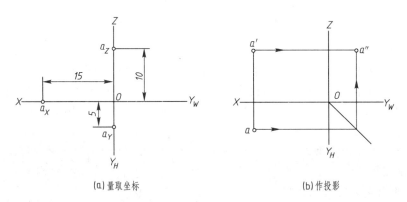

(a) 量取坐标　　　　　　　　　(b) 作投影

图 1-9 作点的三面投影

[例 1-2] 已知各点的两面投影如图 1-10a 所示，求作其第三投影，并判断点对投影面的相对位置。

作图及判断

（1）根据点的投影规律可作出各点的第三投影，如图 1-10b 所示。

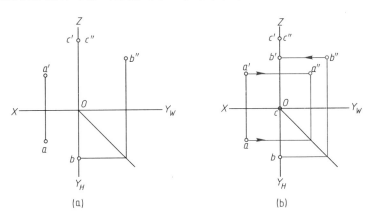

图 1-10　作点的第三投影

（2）根据点的坐标判断点对投影面的相对位置。点 A 的三个坐标值均不等于零，故点 A 为一般位置的点；点 B 的 x 坐标为零，故点 B 为 W 面内的点；点 C 的 x、y 坐标为零，故点 C 在 OZ 轴上。

思考

如果点的三个坐标中有一个为零，它在三投影面体系中处于什么位置？如果点的三个坐标中有两个为零，它在三投影面体系中又处于什么位置？

三、两点的相对位置

1. 两点的相对位置

空间两点的相对位置，是指这两点在空间的左右（X）、前后（Y）、上下（Z）三个方向上的相对位置。要在投影图上判断空间两点的相对位置，应根据两点的各个同面投影关系和坐标差来确定。

由图 1-11 中 A、B 两点的正面和水平面投影可知 $x_A > x_B$，所以点 A 在点 B 的左方；由 A、B 两点的水平面和侧面投影可知 $y_A < y_B$，故 A 点在 B 点的后方；由 A、B 两点的正面和侧面投影可知 $z_A < z_B$，故点 A 在点 B 的下方。

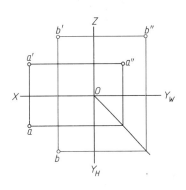

图 1-11　两点的相对位置

2. 重影点及可见性

空间两点的同面投影重合于一点叫做重影点。如图 1-12 所示，C、D 两点的水平投影 $c(d)$ 重影为一点。因为水平投影的投射方向是由上向下，点 C 在点 D 的正上方，$z_C > z_D$，因此，点 C 的水平投影可见，D 点被遮盖，其水平投影不可见。通常规定，把不可见点的投影打上括弧，如 (d)。

结论：如果两个点的某面投影重合时，则对该投影面的投

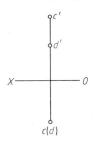

图 1-12　重影点

影坐标值大者为可见，小者为不可见。

[例 1 - 3] 已知点 D 的三面投影，点 C 在点 D 的正前方 15 mm，求作点 C 的三面投影，并判别其投影的可见性，如图 1 - 13a 所示。

分析

由已知条件知：$x_C = x_D$，$z_C = z_D$，$y_C - y_D = 15$ mm，因此点 C、D 在 V 面上的投影重影。又因为 $y_C > y_D$，所以 C 的 V 面投影为可见点，则 D 的 V 面投影为不可见点。

作图

过 d 沿 Y 向前量取 15 mm，求出 c，c'、d' 重影于一点，由 c、c' 作出 c''，如图 1 - 13b 所示。

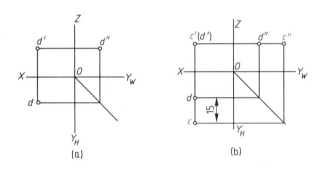

图 1 - 13　两点的相对位置及重影点投影

特别提示

根据观测方向的不同，在投影图中重影点可见性的判别为"上遮下、左遮右、前遮后"。

任务 4　直线的投影分析与作图

任务描述

直线段可以看作是空间两点的连线，那么直线在三投影面体系中位置可分为投影面平行线、投影面垂直线、投影面倾斜线，它们具有不同的投影特性，掌握投影特性就能正确判断点是否在直线上及两直线的空间位置。

一、直线的投影

直线的投影一般还是直线。在特殊情况下，直线的投影可积聚为一点。两点确定一直线，因此直线的投影是直线上两点同面投影的连线。如图 1 - 14 所示，已知直线两端点的坐标，先作出两端点的三面投影，然后连接两端点的同面投影 ab、$a'b'$、$a''b''$，即为直线的三面投影。

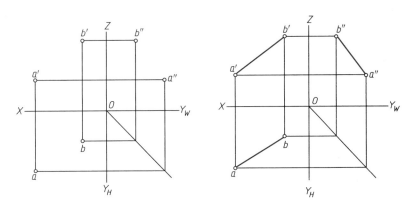

图 1 - 14　直线的三面投影

二、各种位置直线的投影特性

直线对投影面的位置有三种类型：投影面平行线、投影面垂直线和一般位置直线。前两种为特殊位置直线。

1. 投影面平行线的投影特性

投影面平行线是指平行于一个投影面而对另外两个投影面倾斜的直线。空间直线可平行于不同的投影面，它有三种情况：只平行于水平面的直线称为水平线（∥H 面）；只平行于正面的直线称为正平线（∥V 面）；只平行于侧面的直线称为侧平线（∥W 面）。它们的投影特性见表 1 - 1。

表 1 - 1　投影面平行线的投影特性

名称	水平线（∥H面,对V、W面倾斜）	正平线（∥V面,对H、W面倾斜）	侧平线（∥W面,对H、V面倾斜）
直观图			
投影图			

续表

名称	水平线(∥H面,对V、W面倾斜)	正平线(∥V面,对H、W面倾斜)	侧平线(∥W面,对H、V面倾斜)
投影特性	① 水平投影 $ab = AB$; ② 正面投影 $a'b'$∥OX,侧面投影 $a''b''$∥OY_W; ③ ab 与 OX 和 OY_H 的夹角 β、γ 等于 AB 对 V、W 面的倾角	① 正面投影 $c'd' = CD$; ② 水平投影 cd∥OX,侧面投影 $c''d''$∥OZ; ③ $c'd'$ 与 OX 和 OZ 的夹角 α、γ 等于 CD 对 H、W 面的倾角	① 侧面投影 $e''f'' = EF$; ② 水平投影 ef∥OY_H,正面投影 $e'f'$∥OZ; ③ $e''f''$ 与 OY_W 和 OZ 的夹角 α、β 等于 EF 对 H、V 面的倾角
	结论: 1. 直线在所平行的投影面上的投影反映实长; 2. 其他两投影平行于相应的投影轴,投影的长度小于实长; 3. 反映实长的投影与投影轴所夹的角度等于空间直线对相应投影面的倾角		

2. 投影面垂直线的投影特性

投影面垂直线是指垂直于一个投影面与另外两个投影面平行的直线。空间直线可垂直于不同的投影面,垂直于水平面的直线称为铅垂线($\perp H$ 面);垂直于正面的直线称为正垂线($\perp V$ 面);垂直于侧面的直线称为侧垂线($\perp W$ 面)。投影面垂直线的投影特性见表 1-2。

表 1-2 投影面垂直线的投影特性

名称	铅垂线($\perp H$面,∥V面和W面)	正垂线($\perp V$面,∥H面和W面)	侧垂线($\perp W$面,∥H面和V面)
直观图			
投影图			

续表

名称	铅垂线（⊥H面，//V面和W面）	正垂线（⊥V面，//H面和W面）	侧垂线（⊥W面，//H面和V面）
投影特性	① 水平投影 $a(b)$ 积聚为一点； ② $a'b' = a''b'' = AB$， 　$a'b' \perp OX$，$a''b'' \perp OY_W$	① 正面投影 $c'(d')$ 积聚为一点； ② $cd = c''d'' = CD$， 　$cd \perp OX$，$c''d'' \perp OZ$	① 侧面投影 $e''(f'')$ 积聚为一点； ② $ef = e'f' = EF$， 　$ef \perp OY_H$，$e'f' \perp OZ$

结论：

1. 在所垂直的投影面上投影积聚为一点；
2. 其余投影反映实长，且垂直于投影轴

3. 一般位置直线的投影特性

对三个投影面都倾斜的直线为一般位置直线。直线对 H 面、V 面、W 面的倾角分别用 α、β、γ 表示。如图 1-15 所示，直线 AB 的三面投影长度与倾角关系为：$ab = AB \cos\alpha$，$a'b' = AB \cos\beta$，$a''b'' = AB \cos\gamma$。

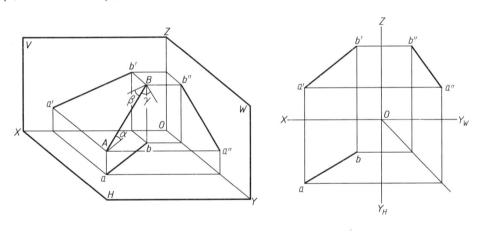

图 1-15　一般位置直线的投影

一般位置直线的投影特性为：直线的三面投影都倾斜于投影轴，并且它们与投影轴的夹角都不反映直线对投影面的倾角，三面投影都小于直线的实长。

 特别提示

判别直线与投影面的相对位置，可根据直线的投影特性进行判断。若直线的投影为"两平一斜"，则直线为平行线，倾斜的投影在哪个面，直线就平行于哪个投影面；若直线的投影为"两线一点"，则直线为投影面垂直线，点在哪个面，直线就垂直于哪个投影面。若直线的投影为"三倾斜"，则为一般位置直线。

4. 直线上的点

（1）直线上点的投影特性

点在直线上，其投影必在该直线的同面投影上，并且满足点的投影特性。如图 1 - 16 所示，点 C 在直线 AB 上，则点 C 的三面投影 c、c′、c″必在 AB 的三面投影 ab、a′b′、a″b″上。如果已知直线及其上点的一个投影，可根据上述特性求出点的其余两投影。

（2）点分割线段成定比

直线上的点分割直线之比，在投影后保持不变。如图 1 - 17 所示，过直线上各点向投影面所作的垂线必定相互平行，所以 AC: CB = ac: cb = a′c′: c′b′ = a″c″: c″b″。例如要在图 1 - 17 所示的直线 AB 上求一点 C 使 AC: CB = 1: 3。作图过程为：

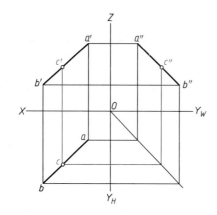
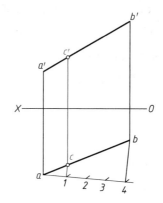

图 1 - 16　直线上的点　　　　　图 1 - 17　点分割线段成定比

自 a（或 a′）作任一直线 a4，将 a4 分为四等份，得到 1、2、3、4 点，连 b4，并过 1 作 1c 平行于 b4，c 点即为 C 点的水平投影，根据 c 可求出 c′。

[例 1 - 4]　已知直线 CD 及点 M 的两面投影，判断点 M 是否在 CD 上（图 1 - 18a）。

作图 1　作侧平线 CD 和点 M 的侧面投影（图 1 - 18b），由作图知点 M 的侧面投影不在 c″d″上，所以点 M 不在 CD 上。

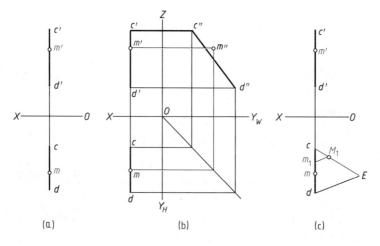

（a）　　　　　　　　（b）　　　　　　　　（c）

图 1 - 18　判断点是否在直线上

作图 2 在 H 面作任一直线 cE，使 $cE = c'd'$。并截取 $cM_1 = c'm'$，连 dE，过 M_1 作 dE 的平行线与 cd 交于 m_1，如图 1–18c，因为 m_1 与 m 不重合，所以 M 不在 CD 上。

特别提示

判断点是否在直线上，一般只需判断两个投影面上的投影即可。当直线为投影面平行线时，且给出的两个投影都平行于投影轴时，需要求出第三投影或采用点分割线段成定比的方法进行判断。

三、两直线的相对位置

空间两直线的相对位置有三种情况：平行、相交和交叉。平行和相交两直线位于同一平面内，称为共面直线；而交叉两直线不在同一平面内，称为异面直线。它们的投影特性叙述如下：

1. 平行两直线

空间两直线相互平行，它们的各组同面投影必定相互平行。如图 1–19 所示，如果空间直线 AB、CD 相互平行，过 AB、CD 所作投影面的投射面必定相互平行，此平行两平面与投影面的交线必定相互平行，即 $ab /\!/ cd$、$a'b' /\!/ c'd'$、$a''b'' /\!/ c''d''$。反之，若两直线的各同面投影相互平行，则两直线在空间一定相互平行。

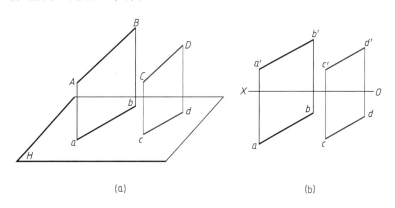

图 1–19 平行两直线的投影特性

2. 相交两直线

空间两直线相交，它们的各同面投影必定相交，并且交点符合点的投影规律。如图 1–20 所示，空间直线 AB、CD 相交于点 K，则交点是两直线的共有点，水平投影 k 既在 ab 上，又在 cd 上。同样，正面投影 k' 既在 $a'b'$ 上，又在 $c'd'$ 上，侧面投影 k'' 既在 $a''b''$ 上，又在 $c''d''$ 上。点 K 是一个空间点，它的三面投影必符合点的投影规律。

3. 交叉两直线

在空间即不平行又不相交的两直线为交叉两直线。如图 1–21 所示，其投影不具有平行两直线和相交两直线的投影特性。

交叉两直线的同面投影可能有某一面平行，但不可能各面都平行。交叉两直线的投影可能有交点，但各投影交点的连线不垂直于相应的投影轴，其投影的交点并不是两直线真正的交

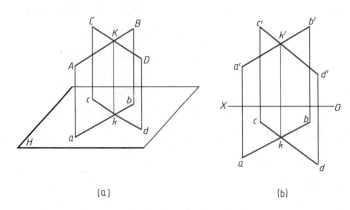

图 1-20 相交两直线的投影特性

点，而是两直线上相应点的投影的重影点。对重影点应区分其可见性，即根据重影点对同一投影面的坐标值大小来判断，坐标值大者为可见点，小者为不可见点。

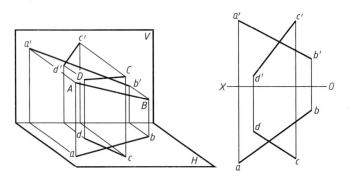

图 1-21 交叉两直线的投影特性

［例 1-5］ 已知直线 AB 和点 C 的投影，过点 C 作水平线 CD 与 AB 相交（图 1-22a）。

作图 根据水平线的投影特性，先作 CD 的正面投影求出交点 d'，再由 d' 作出 d，如图 1-22b 所示。

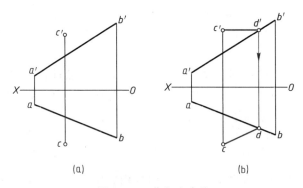

图 1-22 作相交直线

［例 1-6］ 已知两直线 AB、CD 的投影及点 M 的水平投影 m，作一直线 MN∥CD 并与直线 AB 相交于 N 点，如图 1-23a 所示。

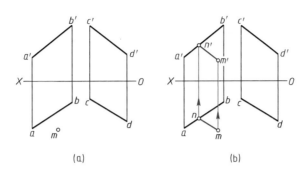

图 1 - 23　作 *MN* 平行于 *CD* 与 *AB* 相交

分析　根据平行两直线和相交两直线的投影特性，要使 *MN* // *CD*，则 *MN* 的各面投影必须平行于 *CD* 的各面投影，并且与 *AB* 的交点满足点的投影规律。

作图

过 *m* 作 *mn* // *cd*，并与 *ab* 交于 *n*；由 *n* 求出 *n'*；过 *n'* 作 *n'm'* // *c'd'*，求得 *m'*，如图 1 - 23b 所示。

任务 5　平面的投影分析与作图

任务描述

物体上任一平面，都有一定的形状、大小和位置，相对于投影面的位置有投影面平行面、投影面垂直面和一般位置平面，它们具有不同的投影特性，学习中能根据投影图判别平面的空间位置，会分析点和直线是否在平面上。

一、平面的表示法

由几何学可知，不在同一直线上的三点可以确定一平面，根据此公理在投影图上可以用下列任一组几何元素的投影表示平面的投影：

（1）不在同一直线上的三点，如图 1 - 24a 所示；

（2）一条直线和直线外一点，如图 1 - 24b 所示；

（3）两条相交直线，如图 1 - 24c 所示；

（4）两条平行直线，如图 1 - 24d 所示；

（5）任意平面形，如图 1 - 24e 所示。

二、各种位置平面的投影特性

平面对投影面的相对位置有三类：投影面垂直面、投影面平行面和一般位置平面。前两种为特殊位置平面。

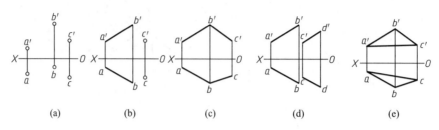

图 1 - 24   平面的五种表示法

1. 投影面垂直面

垂直于一个投影面而对另外两个投影面倾斜的平面，称为投影面垂直面。它可分别垂直于三个投影面，有三种类型：只垂直于水平面的平面称为铅垂面（⊥H 面）；只垂直于正面的平面称为正垂面（⊥V 面）；只垂直于侧面的平面称为侧垂面（⊥W 面）。表 1 - 3 列出了投影面垂直面的投影特性。

表 1 - 3   投影面垂直面的投影特性

名称	铅垂面（⊥H 面，对 V、W 面倾斜）	正垂面（⊥V 面，对 H、W 面倾斜）	侧垂面（⊥W 面，对 H、V 面倾斜）
直观图			
投影图			
投影特性	① 水平投影积聚为直线； ② 正面和侧面投影为类似形； ③ 水平投影与 OX、OY_H 的夹角分别为 β、γ	① 正面投影积聚为直线； ② 水平面和侧面投影为类似形； ③ 正面投影与 OX、OZ 的夹角分别为 α、γ	① 侧面投影积聚为直线； ② 水平面和正面投影为类似形； ③ 侧面投影与 OY_W、OZ 的夹角分别为 α、β
	结论： 1. 在所垂直的投影面上投影积聚为直线； 2. 其余两投影为类似形； 3. 具有积聚性的投影与投影轴的夹角，分别反映平面与相应投影面的倾角		

2. 投影面平行面

平行于一个投影面必定垂直于另外两个投影面的平面，称为投影面平行面。它可分别平行于三个投影面，有三种类型：平行于水平面的平面称为水平面($/\!/H$ 面)；平行于正面的平面称为正平面($/\!/V$ 面)；平行于侧面的平面称为侧平面($/\!/W$ 面)。表 1-4 列出了投影面平行面的投影特性。

表 1-4　投影面平行面的投影特性

名称	水平面($/\!/H$ 面, $\perp V$ 、 W 面)	正平面($/\!/V$ 面, $\perp H$ 、 W 面)	侧平面($/\!/W$ 面, $\perp H$ 、 V 面)
直观图			
投影图			
投影特性	① 水平投影表达实形； ② 正面投影积聚为直线，且平行于 OX 轴； ③ 侧面投影积聚为直线，且平行于 OY_W 轴	① 正面投影表达实形； ② 水平面投影积聚为直线，且平行于 OX 轴； ③ 侧面投影积聚为直线，且平行于 OZ 轴	① 侧面投影表达实形； ② 水平面投影积聚为直线，且平行于 OY_H 轴； ③ 正面投影积聚为直线，且平行于 OZ 轴
	结论： 1. 在所平行的投影面上投影反映实形； 2. 其余两投影积聚为直线，且平行于相应的投影轴		

3. 一般位置平面

对三个投影面都倾斜的平面为一般位置平面。它的三个投影都不能积聚为直线，也不反映平面的实形。图 1-25 所示为一般位置平面的投影特性。三角形的投影仍为三角形。

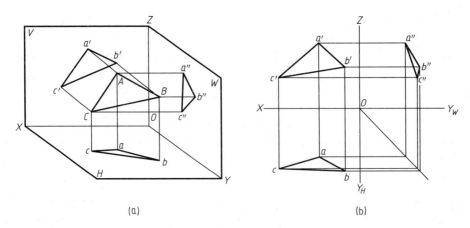

(a)

(b)

图 1-25 一般位置平面的投影特性

 特别提示

判别平面与投影面的相对位置，可根据投影的特点进行判断，投影为"一框两线"则为平行面，框在哪面，平面就平行于哪个投影面；投影为"一线两框"，则为垂直面，线在哪面，面就垂直于哪个投影面；投影为"三个框"，则为一般位置平面。

三、平面内的点和直线

1. 平面上的点和直线

定理一： 若直线过平面上的两点，则此直线必在该平面内。如图 1-26a 所示，在平面 ABC 的 AC 边上取一点 D，连 BD，则直线 BD 必在平面 ABC 内。

定理二： 若一直线过平面内的一点，且平行于该平面上另一直线，则此直线在该平面内。如图 1-26b 所示，在平面 ABC 的 AC 边上取一点 M，过 M 作直线 MN 平行于 AB，则直线 MN 必在平面 ABC 内。

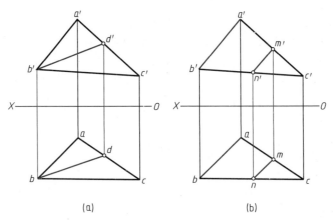

(a)

(b)

图 1-26 平面内的点和直线

[**例 1-7**] 已知 △ABC 平面内点 K 的 V 面投影 k'，求作 K 的 H 面投影，如图 1-27a 所示。

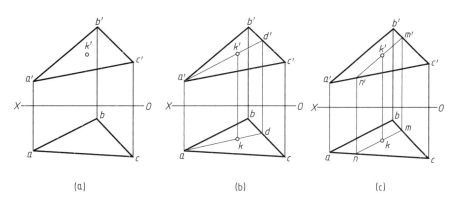

图 1-27 在平面内求点

作图 1 过 k' 作任意直线 AD 的 V 面投影 $a'd'$，求出其 H 面的投影 ad，在 ad 上求得 k，如图 1-27b 所示。

作图 2 过 k' 作直线 $m'n'$，使 $m'n' \parallel a'b'$，求出 H 面投影 mn，则 $mn \parallel ab$，并在 mn 上求得 k，如图 1-27c 所示。

[例 1-8] 已知四边形 $ABCD$ 的 V 面投影及 AB、BC 的 H 面投影，完成四边形的 H 面投影，如图 1-28a 所示。

作图 1 过点 D 作直线 DE，使 $DE \parallel BC$，交 AB 于 E；如图 1-28b 所示，连 $d'e'$，并与 $a'b'$ 交于 e'，在 ab 上求出 e，过 e 作 bc 的平行线，作出 d；连 ad、cd 即为所求。

作图 2 如图 1-28c 所示，将 A、B、C 三点连成三角形，点 D 在平面 ABC 上，故可作直线 BD；连 $b'd'$ 并与 $a'c'$ 交于 e'，在 ac 上作出 e，连 be 并延长作出 d；连 ad、cd 即为所求。

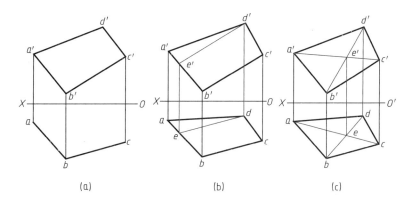

图 1-28 完成四边形的投影

2. 平面内的投影面平行线

凡在平面内且平行于某一投影面的直线，称为平面上的投影面平行线。可分为三种情况：

平面内的水平线——直线在平面内，又平行于水平面的直线；

平面内的正平线——直线在平面内，又平行于正面的直线；

平面内的侧平线——直线在平面内，又平行于侧面的直线。

平面内的投影面平行线，它和投影面平行，其投影就应符合投影面平行线的投影特性。而直线又在平面内,又应满足直线在平面内的条件。

[例 1 - 9] 已知△ABC 的两面投影,作△ABC 平面内的正平线,它距 V 面为 10 mm。如图 1 - 29 所示。

作图 因为正平线的水平投影平行于 OX,先作 de // OX,使其距 V 面 10 mm,再求出 d'e'。

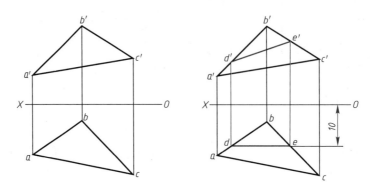

图 1 - 29 作平面内的正平线

四、特殊位置圆的投影

1. 与投影面平行的圆

当圆平行于某一投影面时,圆在该投影面上的投影仍为圆,其余两投影均积聚为直线,其长度等于圆的直径,且平行于相应的投影轴,如图 1 - 30 所示。

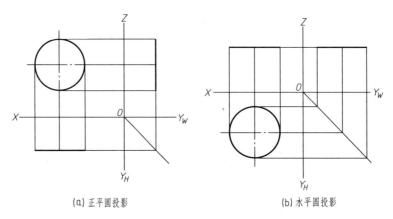

(a) 正平圆投影   (b) 水平圆投影

图 1 - 30 平行于投影面圆的投影

2. 与投影面垂直的圆

当圆与投影面垂直时,圆在它所垂直的投影面上的投影积聚为一直线,其余两投影均为椭圆。图 1 - 31 所示圆心为 C 的圆,与 V 面垂直,圆的 V 面投影积聚为直线,其长度为圆的直径,且倾斜于投影轴,它的 H 面投影为椭圆,长轴是平行于 H 面的直线 AB 的投影 ab,长度等于圆的直径,短轴是与 AB 垂直的直线 DE 的投影 de。求得椭圆的长、短轴后,即可用近似画法作出椭圆。

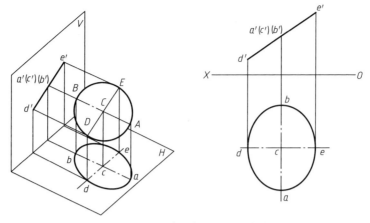

图 1-31 垂直于投影面圆的投影

任务 6 平面立体的三视图画法

 任务描述

工程上常见平面立体主要有棱柱体、棱锥体，其表面是由平面围成的。绘制平面立体的三视图，实质是画出组成平面立体各表面的平面形及交线的投影。能够正确地应用正投影法表达平面立体的形状，掌握投影规律和作图方法。

一、棱柱体的视图

1. 正六棱柱的三视图

（1）投影分析　正六棱柱放置为图 1-32a 所示位置，顶面和底面均处于水平位置，其水平投影反映实形为正六边形，它们的正面和侧面投影积聚为直线。前后两个侧面为正平面，其正面投影重合且反映实形；水平投影和侧面投影都积聚成平行于相应投影轴的直线。其余四个

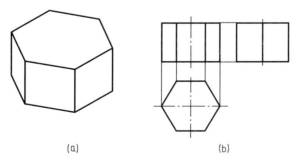

(a)　　　　　　(b)

图 1-32 正六棱柱的投影

侧面为铅垂面,其水平投影分别积聚为倾斜直线,正面投影和侧面投影均为类似形(矩形),且两侧棱面投影对应重合。

(2)作图步骤   先画出对称中心线,再画反映顶底面实形的那个投影,然后根据投影关系画出其他两面投影,如图1-32b所示。

特别提示

棱柱体是由两个平行且相等的多边形顶底面和若干个与其垂直的矩形侧面所组成,画图时,一般先画反映棱柱形状特征的积聚投影,然后根据"三等"关系画出其他视图。

2. 棱柱体表面取点

在平面立体表面上取点,基本原理和方法与在平面上取点的方法相同,要判别投影的可见性。

[例1-10]   已知正六棱柱表面上点 A、B 的正面投影,求其余两面投影,图1-33a。

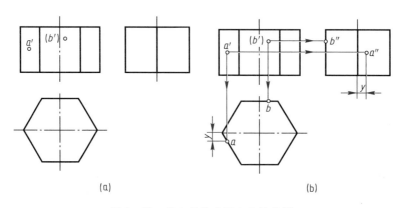

(a)   (b)

图1-33   求六棱柱表面上点的投影

分析   由于六棱柱的各个表面均处于特殊位置,在表面上取点可利用平面投影积聚性的原理作图。由点 A 正面投影 a′ 的位置及可见性,可判断它在六棱柱的左前侧面上,此面的水平投影积聚为斜直线,点 A 的水平投影 a 在此斜线上。由点 B 的正面投影 b′ 为不可见可知点 B 在棱柱体的后面,后面在水平面上的投影为直线,b 在此直线上。

作图   如图1-33b所示,注意 A、B 分别所处的前后位置关系。

特别提示

棱柱体表面取点可先判断点的位置,然后利用棱柱面投影的积聚性进行作图。

二、棱锥体的视图

棱锥体的底面为多边形,各侧面均为过锥顶的三角形。如图1-34a所示,正三棱锥的底面为正三角形,三个侧面均为过锥顶的等腰三角形。

1. 正三棱锥的三视图

(1)投影分析

正三棱锥的底面△ABC为水平面，其水平投影△abc反映实形，正面和侧面投影积聚为平行于相应投影轴的直线。后棱面△SAC为侧垂面，其侧面投影积聚为斜直线，正面和侧面投影均为三角形的类似形。左右两个侧棱面△SAB和△SBC为一般位置平面，其三面投影均为类似形。

（2）作图步骤

一般先画棱锥顶点S及底面△ABC的三面投影，然后将锥顶和底面三个顶点的同面投影连接起来，即得正三棱锥的三面投影，作图步骤如图1-34b所示。

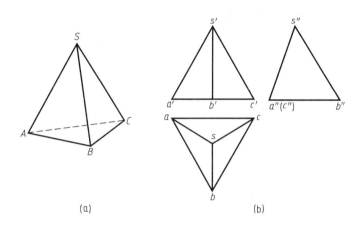

图1-34 正三棱锥的投影

特别提示

棱锥体是由一个多边形底面和若干个具有公共顶点的三角形侧面组成，其投影的特征是：一个视图的外形轮廓为多边形，其他视图的外形轮廓为三角形线框。画图时，先画底面的各个投影，其次确定锥顶的三面投影，最后将锥顶与底面各点连接起来即可。

2. 棱锥表面取点

在棱锥表面上取点，其原理和方法与在平面上取点相同。如果点在特殊位置的平面上，可利用积聚性法求解，而在一般位置平面上取点，则要利用辅助线法求解，即先在平面上过点作辅助直线，然后在此直线上求点。

[例1-11] 已知正三棱锥表面上一点K的正面投影，求点K的其余两个投影（图1-35a）。

作图1 过点K和锥顶S作辅助直线SⅠ，其正面投影s'1'通过k'；求辅助线的其余两投影，由s'1'得s1和s"1"；在辅助线的投影上求点的同面投影。作图步骤如图1-35b所示。

作图2 过点的已知投影作辅助线的一个投影，在s'a'b'内过k'作2'3'∥a'b'，求Ⅱ Ⅲ的水平投影23∥ab，侧面投影2"3"∥a"b"，点k和k"即可求出。作图步骤如图1-35c所示。

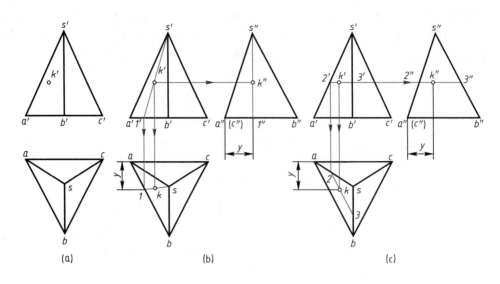

图 1-35　在三棱锥表面上取点

特别提示

棱锥的棱面投影没有积聚性，在棱锥表面上取点应先在棱面上作辅助线，然后根据点线的从属关系完成表面取点。

任务7　曲面立体的三视图画法

任务描述

工程中常见的曲面立体是回转体，它是由回转面或回转面与平面所围成的立体。绘制回转体的三视图时，通常使回转体的轴线垂直于某一投影面。学习中要掌握回转体的投影规律和绘图方法。

由一动线（直线或曲线）绕一定直线旋转而成的曲面，称为回转面，定直线称为轴线，动线称为曲面的母线，曲面上任意位置的母线称为素线，母线上任意一点的旋转轨迹都是垂直于轴线的圆，称为纬圆。

一、圆柱体

1. 圆柱体的视图

（1）圆柱体的形成

以直线为母线，绕与它平行的轴回转一周所形成的面为圆柱面。
圆柱面和垂直于它的上下底面围成圆柱体，如图 1 – 36 所示。

（2）圆柱体的三视图

图 1 – 37 中圆柱上下底面为水平面，其水平投影反映实形，正面
与侧面投影积聚为一条直线。由于圆柱轴线垂直于水平面，圆柱面的
每一条素线均为铅垂线，圆柱面的水平投影积聚为一个圆，其正面和
侧面投影为形状、大小相同的矩形。

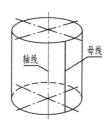

图 1 – 36　圆柱体的形成

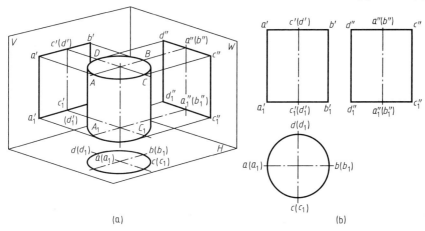

图 1 – 37　圆柱体的三视图

（3）画图步骤

先画圆的中心线和回转轴线的投影，然后画投影为圆的视图，再画另外两个矩形。

特别提示

圆柱由两个相等的圆底面和一个与其垂直的圆柱面所围成，其中在轴线所垂直的投影面
上的视图为圆，其他两个视图为相等矩形线框。

2. 圆柱体表面上取点

[例 1 – 12]　已知圆柱体表面上点 M、N 的正面投影 m'、n'，求其他两面投影，如图 1–38a 所示。

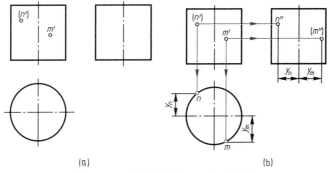

图 1 – 38　求圆柱体表面上点的投影

分析与作图 由 m' 位置和可见性,可判断 M 在前半圆柱面上;由 n' 为不可见,可判断 N 在后半圆柱面上。其水平投影积聚在圆周上,先求出 m、n,再求 m''、n'',作图步骤如图 1 – 38b 所示。

判断可见性:

点 N 在左半圆柱面上,因此 n'' 可见;点 M 在右半圆柱面上,m'' 不可见。圆柱面的水平投影有积聚性,不判断 m、n 的可见性。

[例 1 – 13] 已知圆柱体表面上点 M、N 的投影 m'、n,求其他两面投影(图 1 – 39a)。

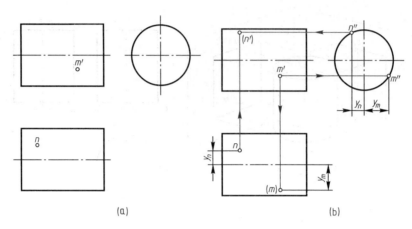

图 1 – 39 求圆柱体表面上点的投影

分析 因为点 M 的正面投影 m' 为可见,判断其在前半圆柱面上;点 N 的水平面投影 n 为可见,判断其在上半圆柱面上。两点的侧面投影积聚在圆周上。

作图 过 m' 作水平线交右半圆周于 m'',由 n 作出侧面投影 n'' 在左半圆周上,再由 m' 和 m''、n 和 n'' 求出 m、n',如图 1 – 39b 所示。

判断可见性:

点 M 在圆柱面的下半圆柱面上,所以其水平投影为不可见。点 N 在后半圆柱面上,其正面投影为不可见。

二、圆锥体

1. 圆锥体的三视图

(1)圆锥体的形成

以直线为母线,绕与它相交的轴回转一周所形成的面为圆锥面。圆锥面与底面围成圆锥体,如图 1 – 40a 所示。

(2)投影分析

圆锥的轴线垂直于水平面,底面位于水平位置,其水平投影反映实形,正面和侧面投影积聚为一直线。圆锥面在三面投影中都没有积聚性,水平投影与底面圆的水平投影重合,正面和侧面投影为形状、大小相同的等腰三角形。

(3)画图步骤

先画圆的中心线和回转轴线的投影,然后画底面圆的投影,再根据投影关系画出另两个投影,如图 1 – 40b 所示。

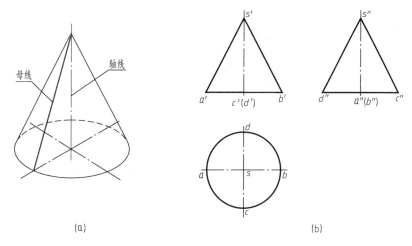

图 1 - 40 圆锥体的形成及三视图

特别提示

圆锥是由一个圆底面和一个锥顶位于与底面相垂直的中心轴线上的圆锥面所围成的，其中一个视图为圆，其他两视图均为相等的等腰三角形。

2. 圆锥体表面取点

圆锥是由圆锥面和底面围成的，如果在底面上取点，则可利用积聚性在表面取点。如果在圆锥面上取点，由于圆锥面的三个投影均不具有积聚性，应采用辅助素线法或辅助纬圆法求解。

[例 1 - 14] 已知圆锥体表面上一点 K 的正面投影 k′，求另两个投影，如图 1 - 41a 所示。

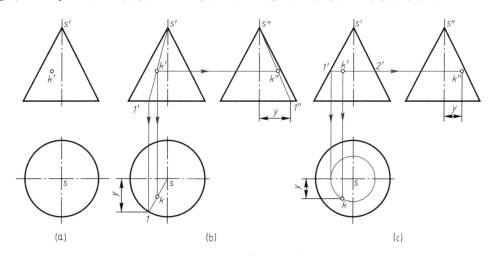

图 1 - 41 求圆锥体表面上点的投影

作图 1 辅助素线法

由点 K 的正面投影 k′ 的位置及可见性，可判断点 K 在左前圆锥面上。过锥顶 S 和已知点 K

作直线 SI，连 $s'k'$ 与底边交于 $1'$，然后求出该素线的 H 面和 W 面投影 $s1$ 和 $s''1''$，最后由 k' 求出 k 和 k''，如图 1–41b 所示。

作图 2　辅助纬圆法

过已知点 K 作纬圆，该圆垂直于轴线，过 k' 作纬圆的正面投影 $1'2'$，然后作出水平投影圆，k 在此圆周上，由 k' 求出 k、k''，如图 1–41c 所示。

特别提示

因为圆锥面没有积聚性，表面上取点需要通过作辅助素线或辅助纬圆的方法求得。

三、圆球体

1. 圆球体的视图

（1）圆球面的形成

圆球面可看成是一个圆母线绕直径回转而成，如图 1–42a 所示。

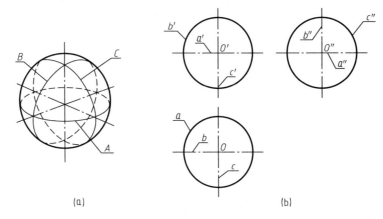

图 1–42　圆球面的形成和三视图

（2）投影分析

圆球的三面投影均为等直径的圆，它的直径为圆球的直径。正面投影的圆是圆球正视转向轮廓线（平行于正面的外形轮廓线，是前、后半球面的可见与不可见的分界线）的投影；其水平投影和侧面投影不再处于投影的轮廓线位置，而在相应的对称中心线上，都省略不画。水平投影和侧面投影的圆，请读者自行分析，三视图如图 1–42b 所示。

（3）作图步骤

先画三个视图中圆的中心线，再画三个与圆球等直径的圆。

2. 圆球表面取点

圆球面的三个投影均无积聚性，因此在圆球面上取点，要用辅助纬圆法。

［例 1–15］　已知 A、B 两点在圆球面上，并知 a 和 b' 的投影，求其余两面投影，如图 1–43a 所示。

分析与作图　由点 A 的水平投影 a 的位置及可见性知，点 A 在右、上半球面上，采用平行于正面的辅助圆作图。过 A 作直线 $I II // OX$ 得水平投影 12，正面投影是直径为 12 的圆，a' 必

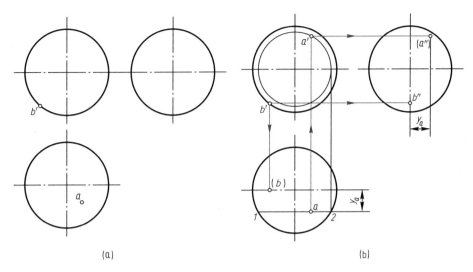

图 1-43 求圆球表面上点的投影

在此圆周上。因 a 可见，位于上半球，求得 a'，由 a、a' 求出 a''。

由点 B 的正面投影 b' 的位置可知，点 B 处于转向轮廓线上，可由 b' 直接求得 b、b''。

判断可见性：

点 A 在右、上、前球面上，这部分的侧面投影为不可见，因此 a'' 不可见。点 B 在下半球面上，所以其水平投影为不可见，即 b 不可见，如图 1-43b 所示。

也可用平行于水平面和侧面的辅助纬圆作图，请读者自己作图。

特别提示

由于圆球面没有积聚性，在圆球面上取点需要作辅助纬圆，可以是水平圆，也可以是正平圆或侧平圆，根据不同情况作相应的辅助圆求点。

任务 8 基本体的轴测图画法

任务描述

在结构设计、技术革新、产品说明等方面，需要表达机器的外观形状时，常常用立体感很强的辅助图样来帮助人们看懂多面视图，这种图样就是轴测图。通过学习能了解轴测图的形成、种类，正确绘制基本体的正等轴测图和斜二轴测图。

生产中常用正投影图来表达物体的形状和大小，但它缺乏立体感，不易读懂，因此常用立体感较强的轴测图来表达物体的形状。

一、轴测图的基本概念

轴测图是将物体连同其参考直角坐标系，沿不平行于任一坐标面的方向，用平行投影法将其投射在单一投影面上所得到的图形。

图1-44中平面 P 为轴测投影面；平面 P 上的图形为轴测投影，即轴测图。

图中确定立体位置的空间直角坐标轴 OX、OY、OZ 的投影 O_1X_1、O_1Y_1、O_1Z_1，称为轴测轴，轴测轴之间的夹角 $\angle X_1O_1Y_1$、$\angle Y_1O_1Z_1$、$\angle Z_1O_1X_1$ 称为轴间角。

轴测轴 O_1X_1、O_1Y_1 和 O_1Z_1 上的单位长度与相应直角坐标轴 OX、OY 和 OZ 上的单位长度之比分别为 X、Y 和 Z 轴的轴向伸缩系数，分别用 p、q、r 表示：

$$p = \frac{O_1X_1}{OX}; \quad q = \frac{O_1Y_1}{OY}; \quad r = \frac{O_1Z_1}{OZ};$$

有了轴间角和轴向伸缩系数两个数据，就可以根据立体的三视图来绘制轴测图。在绘制轴测图时，视图上所有点和线的尺寸都必须沿坐标轴方向量取，并乘上相应的轴向伸缩系数，再画到相应的轴测轴方向上去，"轴测"两字由此而来。

轴测图的种类很多。当投射方向垂直于轴测投影面时，称为正轴测图，如图1-44a所示；当投射方向倾斜于轴测投影面时，称为斜轴测图，如图1-44b所示。

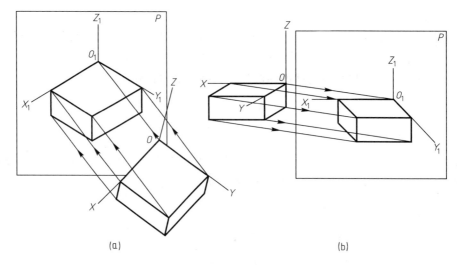

(a)　　　　(b)

图1-44 轴测图的形成

正轴测图又根据三个轴向伸缩系数是否相等而分为三种：三个轴向伸缩系数都相等的，称为正等轴测图；其中只有两个轴向伸缩系数相等的，称为正二轴测图；三个轴向伸缩系数各不相等的，称为正三轴测图。同样斜轴测图也分为三种：斜等轴测图、斜二轴测图、斜三轴测图。

工程中用得较多的是正等轴测图和斜二轴测图，下面只介绍这两种。

绘制物体的轴测图时，应先选择哪一种轴测图，从而确定各轴向伸缩系数和轴间角。轴测图可根据已确定的轴间角，按表达清晰和作图方便来安排，而 Z 轴常画成铅垂位置。在轴测图中，应用粗实线画出物体的可见轮廓。为了使图形清晰，通常不画物体的不可见轮廓，但在必要时，也可用细虚线画出物体的不可见轮廓。

特别提示

➤ 轴测图是由平行投影法得到的单面投影图，具有平行性、定比性和显实性。
➤ 轴测图的基本参数是轴间角和轴向伸缩系数。

二、正等轴测图的画法

当立体上三根坐标轴与轴测投影面倾斜成相同角度时，用正投影法将立体投射所得到投影称为正等轴测图，如图 1－44a 所示。

因三根坐标轴与轴测投影面倾斜成相同角度，所以正等轴测图的三个轴间角相等，都是 120°，通常 Z_1 轴垂直布置，X_1、Y_1 轴分别与水平线成 30°。三根轴的轴向伸缩系数相等，$p = q = r = 0.82$，即物体上的轴向尺寸为 100 时，轴测轴上画 82，这样作图很麻烦，为避免计算，一般把轴向伸缩系数简化为 $p = q = r \approx 1$，也就是说，凡立体上平行于坐标轴上的直线，在轴测图上用实际尺寸画出。用简化系数画出的轴测图，比用轴向伸缩系数画出的轴测图放大了 1.22 倍（$1/0.82 \approx 1.22$），但不影响物体的形状和立体感。因此画正等轴测图时，其尺寸可直接从三视图中量取。

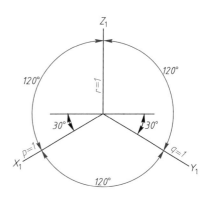

图 1－45　正等轴测图的轴间
角和轴向伸缩系数

正等轴测图的轴间角和轴向伸缩系数如图 1－45 所示。

［例 1－16］　已知四棱柱的投影图，如图 1－46a 所示，画其正等轴测图。

分析

根据四棱柱的特点，选四棱柱的一个角顶作为坐标原点，过此角顶的三条棱线作为坐标轴。形体上的坐标轴选定后，就可以沿 X、Y、Z 三个坐标轴量出四棱柱的长、宽、高，并将其对应关系移到轴测图上，以定出各棱线的投影。

作图步骤：

（1）在正投影视图中，画出坐标轴的投影，如图 1－46b 所示；

（2）根据正等轴测图轴间角 120°画出轴测轴，如图 1－46c 所示；

（3）在轴上按三视图的尺寸量出 a_{X1}、a_{Y1}、a_{Z1} 三点，过此三点分别作 X_1、Y_1、Z_1 轴的平行线，得到三点 a_1、a_1'、a_1''，如图 1－46d 所示；

（4）过 a_1、a_1'、a_1'' 三点分别作 X_1、Y_1、Z_1 轴的平行线，如图 1－46e 所示；

（5）擦去不必要的作图线，加粗可见轮廓线，即得到四棱柱的正等轴测图，如图 1－46f 所示。

［例 1－17］　已知正六棱柱的正投影图，如图 1－47a 所示，画其正等轴测图。

分析

因正六棱柱的顶面和底面都是处于水平位置的正六边形，取顶面的中心为原点，并确定 X 轴和 Y 轴，棱柱轴线为 Z 轴，如图 1－47a 所示。

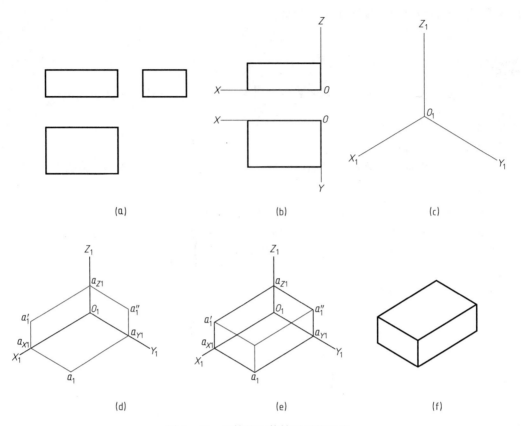

图 1-46 四棱柱正等轴测图的画法

作图步骤：

（1）作轴测轴，并在其上量得 1_1、4_1 和 a_1、b_1，如图 1-47b 所示；

（2）通过 a_1、b_1 作 X 轴的平行线，量得 2_1、3_1 和 5_1、6_1，连成顶面，如图 1-47c 所示；

（3）由点 6_1、1_1、2_1、3_1 沿 Z 轴量得 H，得 7_1、8_1、9_1、10_1，如图 1-47d 所示；

（4）连接 7_1、8_1、9_1、10_1，如图 1-47e 所示；

（5）擦去不必要的作图线，加粗可见轮廓线，如图 1-47f 所示。

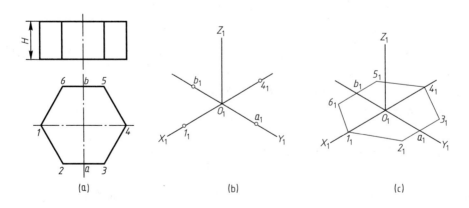

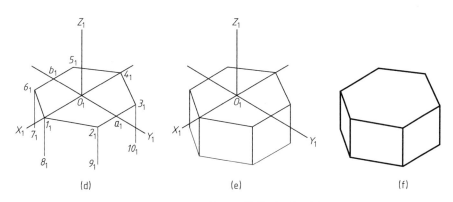

图 1-47　正六棱柱正等轴测图的画法

[例 1-18]　已知圆柱的正投影图，如图 1-48a 所示，画圆柱的正等轴测图。

分析

圆柱顶面和底面均为水平位置的圆，取顶面中心为坐标原点，并确定 X 轴和 Y 轴。以圆柱轴线为 Z 轴，如图 1-48a 所示。下面的问题就是圆柱顶面、底面圆的画法。

从正等轴测图的形成知道，由于正等轴测投影的三根轴都与轴测投影面成相等的倾角，所以三个坐标面也都与轴测投影面成相等的倾角。因此，立体上凡是平行坐标面的圆的正等轴测投影都是椭圆。图 1-48b 所示是以立方体上三个不可见的平面作为坐标面时，在其余三个平面内的内切圆的正等轴测投影，从图中可以看出：椭圆除长、短轴方向不同外，其他都相同，当然画法也应该一样。

椭圆的正规画法很麻烦，下面介绍一种近似画法：即用四段圆弧来代替。由于这四段圆弧的四个圆心是根据椭圆的外切菱形求得的，因此这个方法也叫菱形四心法。以平行于 XOY 坐标面的圆的正等轴测投影，即圆柱顶面为例，说明其画法。

作图步骤：

(1) 以圆心 O 为坐标原点，两条中心线为坐标轴 OX、OY。画出圆的外切正方形，如图 1-48c 所示。

(2) 画轴测轴 O_1X_1、O_1Y_1；在轴测轴上以圆的半径为长度，量出 A_1、B_1、C_1、D_1 四点，再过此四点，画出其邻边分别平行于 X_1、Y_1 两轴测轴的菱形 1_1、2_1、3_1、4_1，如图 1-48d 所示。

(3) 连接 1_1C_1、3_1B_1、1_1D_1、3_1A_1，得 5_1、6_1 两点，1_1、3_1、5_1、6_1 四点为所画椭圆的四个圆心，A_1、B_1、C_1、D_1 四点为连接点，如图 1-48e 所示。

(4) 分别以 1_1、3_1 两点为圆心、1_1D_1 为半径画出椭圆上两段大圆弧；再以 5_1、6_1 两点为圆心、5_1C_1 为半径画出椭圆上两段小圆弧，如图 1-48f 所示。

(5) 画底面圆。底面椭圆与顶面椭圆的大小、形状完全一样，因此可以用移心法直接将底面的四个圆心从顶面上平移下来。即分别过 3_1、5_1、6_1 三点，平行于 Z_1 轴向下量出圆柱的高，得到底面椭圆三段圆弧的圆心 7_1、8_1、9_1，如图 1-48g 所示。

(6) 画圆柱底圆。作上、下两个圆的外公切线，如图 1-48h 所示。

(7) 擦去不必要的作图线，加深可见轮廓线，完成轴测图，如图 1-48i 所示。

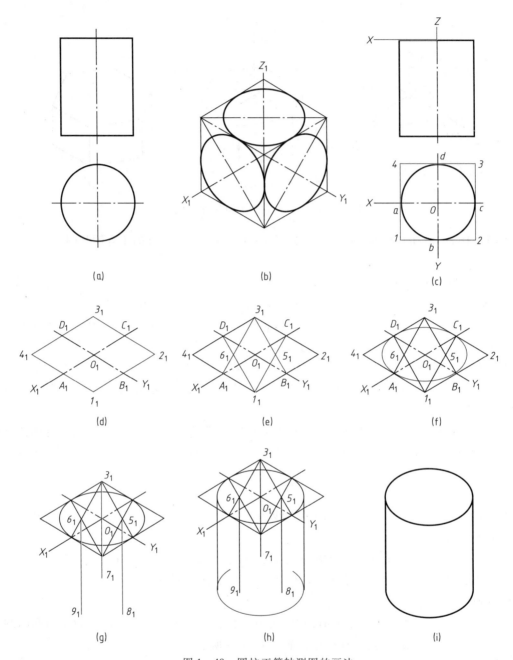

图 1-48 圆柱正等轴测图的画法

特别提示

➢ 绘制正等轴测图时，为了方便绘图，常用简化的轴向伸缩系数 1。

➢ 曲面立体的正等轴测图要用四心椭圆法画出圆的正等测。

三、斜二轴测图的画法

当投射线与投影面倾斜时即为斜投影法。采用斜投影法时通常使用两条坐标轴与轴测投影面平行。一般使坐标面 XOZ 的直线平形于轴测投影面。这样不论投射方向如何，OX、OZ 的投影就是它们本身，即为轴测轴。它们之间的夹角总是 $90°$，轴向伸缩系数 $p=r=1$。而轴测轴 Y_1 的方向和轴向伸缩系数 q，可随着投射方向的变化而变化，一般取 O_1Y_1 与水平成 $45°$的角；Y_1 的轴向伸缩系数为 $1/2$。斜二轴测图的轴间角和轴向伸缩系数如图 $1-49$ 所示。按此轴间角和轴向伸缩系数画出的轴测投影称为斜二轴测图，如图 $1-44b$ 所示。

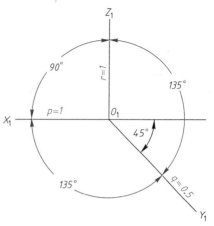

图 $1-49$ 斜二轴测图的轴间角与轴向伸缩系数

斜二轴测图的优点在于，物体上平行于坐标面 XOZ 的直线、曲线和平面图形在正面斜轴测图中都反映实长和实形，这一点在适当的情况下对于画物体的轴测投影是很方便的。

[例 $1-19$] 已知正方体的正投影图，如图 $1-50a$ 所示，画其斜二轴测图。

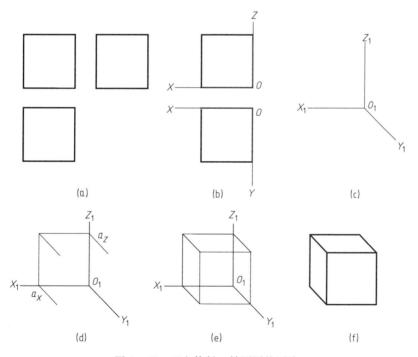

图 $1-50$ 正方体斜二轴测图的画法

作图 首先在正投影图中确定 X、Y、Z 三个坐标轴，如图 $1-50b$ 所示；绘制轴测轴，X_1、Z_1 轴分别为水平与垂直方向，Y_1 与水平线成 $45°$角，如图 $1-50c$ 所示；在轴测轴 X_1、Z_1 上量取正方体的边长，得到 a_x、a_z 二点，过此二点，分别作 O_1X_1、O_1Z_1 轴的平行线，作出长方体后面的图形；分别过后面图形的四个顶点作轴测轴 O_1Y_1 的平行线，其长度为正方体边长的一半，即边长乘以轴向伸缩系数(0.5)，如图1-50d所示；连接各顶点，如图1-50e所示；最后擦去不必要的作图线，加深可见轮廓线，完成轴测图，如图1-50f所示。

[例1-20]　已知圆台的正投影，如图1-51a所示，画圆台的斜二轴测图。

作图　在正投影图中，取圆台大圆端面的圆心为坐标原点，Y轴与圆台轴线重合；绘制斜二轴测图的轴测轴；按圆台高度的一半，即高度乘以轴向伸缩系数(0.5)，在Y_1轴上截取圆台小圆端面的圆心O_{11}；分别以O_1和O_{11}为圆心，以圆台上、下面直径画圆；画出此两圆的外公切线；最后擦去不必要的作图线，加深可见轮廓线，完成斜二轴测图，其作图步骤如图1-51b~e所示。

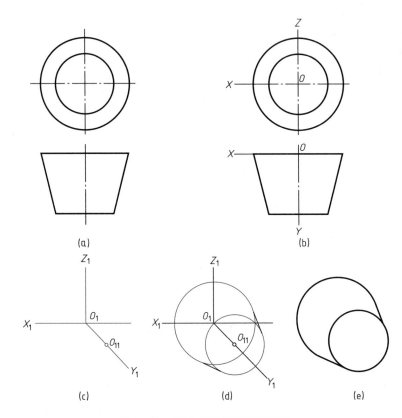

图1-51　圆台斜二轴测图的画法

特别提示
> 斜二轴测图主要用来绘制在一个方向有圆或圆弧的物体。
> 轴测图中的不可见轮廓线不画。

四、轴测草图的绘制

徒手绘制轴测图时，作图原理和过程与尺规作轴测图是一样的。所不同的是不借助仪器，仅用铅笔以徒手、目测的方法绘制图样。徒手不要求按照国家标准规定的比例，但要正确目测实物形状及大小，基本把握住形体各部分间比例关系。为了方便徒手绘图，可以在网格纸上绘制。

[例1-21] 徒手绘制图1-52a所示立体的正等轴测图。

分析与作图 从正投影图可看出,此物体为四棱台。绘图时,先画一个四棱柱,其上、下面为四棱台的底面大小,高为四棱台的高度;在四棱柱的顶面画出四棱台顶面小长方形;连接其棱线,即得到四棱台的正等轴测图。作图步骤如图1-52b~d所示。

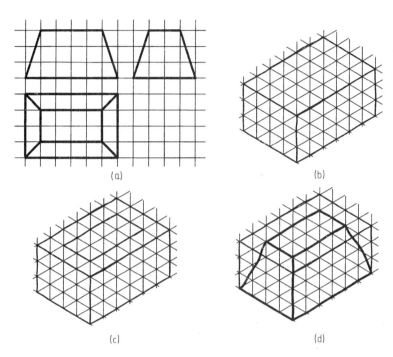

图1-52 徒手绘制四棱台的正等轴测图

(1)点是构成几何形体的最基本要素,点的投影是一切空间形体投影的基础。点在相互垂直的两投影面内的投影连线垂直于投影轴;点到某投影面的距离等于该点在与投影面垂直的那个投影面上的投影到其投影轴的距离。

(2)直线的空间位置可由线上任意两点的空间位置来决定,直线的投影由直线上两点的投影所决定。直线在三投影面体系中对投影面的相对位置有三种:投影面平行线、投影面垂直线和一般位置直线。空间直线的相对位置有平行两直线、相交两直线和交叉两直线。能够根据投影图判断空间直线的相对位置。

(3)平面可以用各种几何元素组的投影表示。空间平面对投影面的相对位置有三种:投影面垂直面、投影面平行面和一般位置平面。平面上点和直线的作图是相互联系的,要熟练应用有关结论完成在平面上取点、取线的作图。

(4)平面立体的棱线均是直线,画平面立体的投影图时,就是画各棱线交点的投影,然后顺次连线,并注意区分可见性。平面立体投影图中的每一条线,表达的是立体表面上一条棱线或是一个有积聚性面的投影。平面立体投影都是由封闭的线框组成的，一个封闭的线框代表着立体某个面的投影。平面立体表面取点，利用平面上取点的方法。

（5）回转体的表面为曲面或曲面与平面，画回转体的投影图就是画回转体的轮廓线及转向轮廓线的投影。表面取点的方法有积聚性法、辅助素线法和辅助纬圆法。

在投影面体系中画立体的投影时，要画出它们的对称面、对称线、棱线、边界轮廓线和转向轮廓线的投影。

（6）轴测图是一种富有立体感的图形。正等轴测图是三个轴向伸缩系数均相等的正轴测投影，它适合几何体两个方向或三个方向上有曲线（圆）的情况。斜二测轴间角和伸缩系数比较简单，它适合几何体一个方向的表面形状复杂或曲线较多的情况。

项目 二

立体表面交线的三视图画法

知识目标　(1) 认知立体表面交线的形成及特性；

　　　　　(2) 熟悉平面立体截交线的性质及作图方法；

　　　　　(3) 熟悉回转体截交线的性质及作图方法；

　　　　　(4) 熟知工程上两回转体表面相交，相贯线的作图步骤。

能力目标　(1) 利用棱线法做出平面立体表面交线的三视图；

　　　　　(2) 根据平面与回转体相交交线的特性，画出相应的三视图；

　　　　　(3) 利用回转体的投影特性，正确绘制两立体相交的三视图。

任务 1　平面立体截交线的三视图画法

任务描述

　　工程上经常会看到零件的某些部分是由平面切割立体而形成的，立体被平面切割后，表面就会产生截交线。平面立体的截交线是平面与立体的共有线，其形状为多边形。为了清楚表达立体的形状，画图时应正确地画出截交线的投影，并且能正确地识读各种截交线。

一、基本概念

当平面截割立体时，与立体表面所形成的交线称为截交线；截割立体的平面称为截平面；

因截平面的截切在立体表面上围成的平面图形称为截断面。

二、截交线的性质

立体被平面截切时，由于立体表面形状的不同和截平面相对于立体的位置的不同，所形成截交线的形状也不同，但任何截交线均具有以下两个性质：

（1）截交线是封闭的平面多边形。

（2）截交线是截平面与立体表面的共有线。

如图 2-1 所示，截平面 P 截割三棱锥，截交线为三角形 I II III，该三角形的各边是三棱锥各棱面与截平面 P 的交线，三角形的顶点是被截棱线与截平面的交点。

三、画截交线的一般方法

1. 空间分析

分析截平面与立体的相对位置，确定截交线的形状。分析截平面与投影面的相对位置，确定截交线的投影特性。

2. 画投影

求出平面立体上被截断的各棱线与截平面的交点，然后顺次连接各点成封闭的平面图形。

[例 2-1] 求作四棱锥被截切后的俯视图和左视图，如图 2-2a、b 所示。

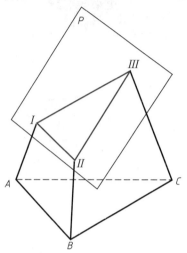

图 2-1 截切三棱锥

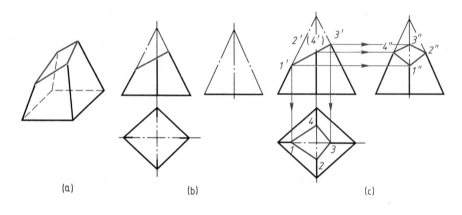

图 2-2 截切棱锥体的三视图

分析

截平面为正垂面，截交线的正面投影积聚为直线。截平面与四条棱线相交，从正面可直接找出交点，其余投影必在各棱线的同面投影上。

作图步骤：

根据点的投影规律，在相应的棱线上求出截平面与棱线的交点，判断可见性后依次连接各点的同面投影，即得截交线，如图 2-2c 所示。

特别提示

➤ 作平面立体的截交线时，先求出被截棱线与截平面的交点，然后连接同一棱面上的点，可见棱面上的点用实线连接，不可见棱面上的点用虚线连接。

➤ 被垂直面切割的立体，应注意分析视图中"斜线"的投影含义，该截交线上点的其他两面投影均取自于该线。

[例 2-2]　正垂面截切六棱柱，完成截切后的三视图，如图 2-3a、b 所示。

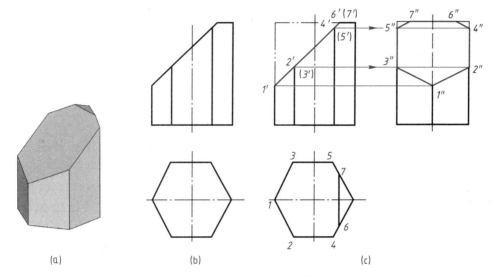

图 2-3　截切六棱柱的三视图

分析

由图可知，六棱柱被正垂面截切，截交线的正面投影积聚为一直线。水平投影除顶面上的截交线外，其余各段截交线都积聚在六边形上。

作图步骤：

由截交线的主视图可在水平面和侧面相应的棱线上求得截平面与棱线的交点，依水平投影的顺序连接侧面投影各交点，可得截交线的投影，如图 2-3c 所示。画左视图时，既要画出截交线的投影，又要画出六棱柱轮廓线的投影。

判别可见性：

俯视图、左视图上截交线的投影均为可见，在左视图中后棱线的投影不可见，应画成细虚线。

特别提示

当立体被截切后，切去的部分已经不存在，因此相关图线也就不要再画出。要特别注意判断立体中棱线的可见性。如上例左视图中的右棱线，原本因其与左棱线重影不被画出，由于截平面切去了左侧部分，右棱线被截交线遮挡的部分为不可见，画虚线。

任务2　回转体截交线的三视图画法

任务描述

回转体的截交线是一个封闭的平面图形，多为曲线或曲线与直线围成。由于回转体表面形状不同，截交线会有不同的形状。画截切回转体的视图时，要会分析是什么回转体被什么平面截切、截平面与回转体的轴线和投影面的相对位置等，正确读、画截切回转体的三视图。

平面与回转体相交，截交线的形状取决于回转体的几何性质及其与截平面的相对位置，截交线有如下性质：

（1）截交线是截平面和回转体表面的共有线，截交线上任意点都是它们的共有点。

（2）截交线是封闭的平面图形。

（3）截交线的形状，取决于回转体表面的形状及截平面对回转体轴线的相对位置。

求截交线的方法和步骤：

（1）分析回转体的表面性质、截平面与投影面的相对位置、截平面与回转体的相对位置，初步判断截交线的形状及其投影。

（2）求出截交线上的点，首先找特殊点，为了作图准确还要补充中间点。

（3）补全轮廓线，光滑地连接各点，求得截交线的投影。

这里主要介绍特殊位置平面与几种常见回转体相交时截交线的画法。

一、平面与圆柱体相交

平面与圆柱体相交，截交线的形状取决于截平面与圆柱轴线的相对位置。平面截切圆柱体截交线的形式有三种，见表 2 – 1。

表 2 – 1　圆柱体的截交线

截平面与圆柱轴线平行	截平面与圆柱轴线垂直	截平面与圆柱轴线倾斜
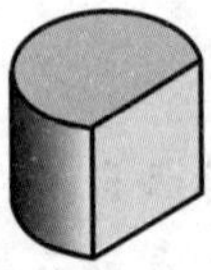		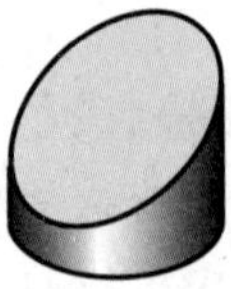

续表

截平面与圆柱轴线平行	截平面与圆柱轴线垂直	截平面与圆柱轴线倾斜
截交线为矩形	截交线为圆	截交线为椭圆

[例2-3]　已知斜切圆柱体的主视图和俯视图，求左视图，如图2-4a、b所示。

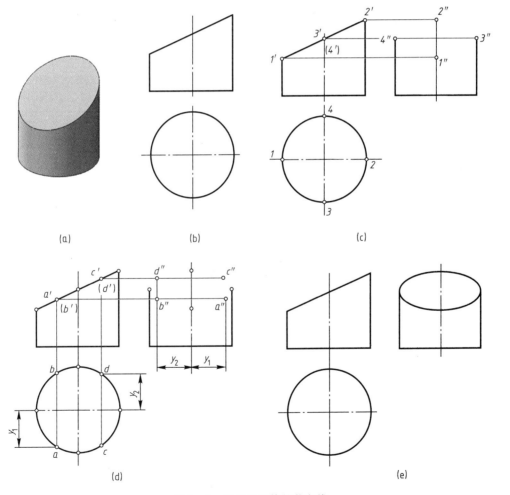

图 2-4　斜切圆柱体的截交线

分析

圆柱的轴线是铅垂线，截平面为正垂面且与圆柱轴线倾斜，斜切圆柱体的截交线为椭圆。截交线的正面投影积聚为直线，水平投影积聚在圆周上，侧面投影为椭圆。

作图步骤：

（1）求特殊点　截交线最左素线上的点Ⅰ和最右素线上的点Ⅱ分别是截交线的最低点和最高点。截交线最前点Ⅲ和最后点Ⅳ分别是最前素线和最后素线与截平面的交点。作出Ⅰ、Ⅱ、Ⅲ、Ⅳ的正面投影 $1'$、$2'$、$3'$、$4'$ 和水平投影 1、2、3、4，根据从属关系求出 $1''$、$2''$、$3''$、$4''$，如图 2-4c 所示。

（2）求一般点　从正面投影上选取 a'、b'、c'、d' 四点，然后作 OX 轴的垂线求得 a、b、c、d，根据点的投影规律求出侧面投影 a''、b''、c''、d''，如图 2-4d 所示。

（3）按截交线的顺序，光滑地连接各点的侧面投影。侧面投影的轮廓线画到 $3''$、$4''$ 为止，并与椭圆相切，如图 2-4e 所示。

思考

随着截平面与圆柱轴线倾角的变化，所得截交线椭圆的长、短轴会发生怎样的变化？

[例 2-4]　求如图 2-5a、b 所示的开槽圆柱体的左视图。

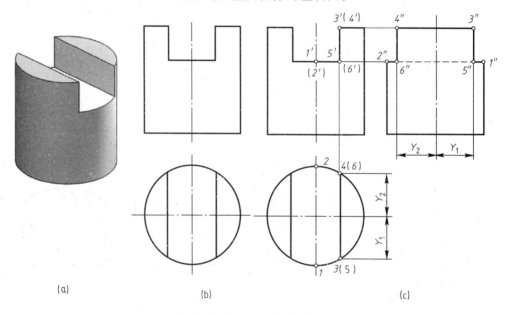

图 2-5　开槽圆柱体的三视图

分析

圆柱体上部的槽是由三个截平面截切形成的，左右对称的两个截平面是平行于圆柱轴线的侧平面，它们与圆柱面的截交线均为两条直素线，与顶面的截交线为正垂线；另一个截平面是垂直于圆柱轴线的水平面，它与圆柱面的截交线为两段圆弧。三个截平面间产生了两条交线，均为正垂线。

作图步骤：

在水平投影上和正面投影上找出特殊点 1、2、3、4、5、6 和 1′、2′、3′、4′、5′、6′，根据点的投影规律作出 1″、2″、3″、4″、5″、6″，按顺序依次连接各点，如图 2-5c 所示。

判别可见性：

截平面交线的侧面投影为不可见，应画成细虚线。

[例 2-5]　已知圆柱截断体的主视图和左视图，求作俯视图，如图 2-6a 所示。

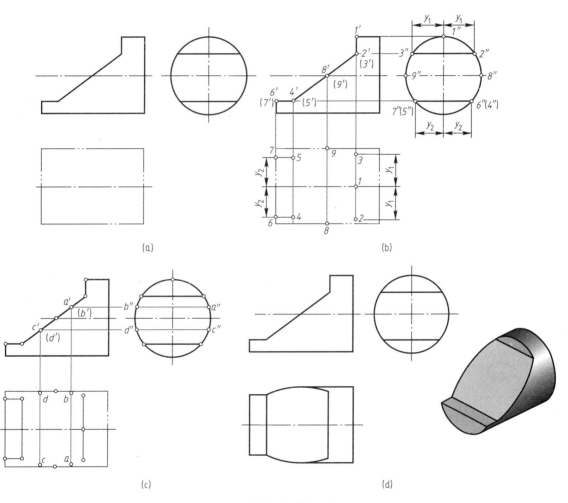

图 2-6　截断圆柱体的三视图

分析

圆柱的轴线是侧垂线，截断体分别由侧平面、正垂面、水平面截切圆柱体而成。

侧平面与圆柱轴线垂直，截交线为圆弧，其正面投影为直线，侧面投影为圆弧。

正垂面与圆柱轴线倾斜，截交线为部分椭圆，正面投影为直线，侧面投影与圆重合。

水平面与圆柱轴线平行，截交线为矩形，正面、侧面投影均为直线。

作图步骤：

（1）求特殊点 侧平面与圆柱截交线圆弧的最高点Ⅰ和前后两端点Ⅱ、Ⅲ的侧面投影$1''$、$2''$、$3''$和正面投影$1'$、$2'$、$3'$可直接求出，并根据两面投影求出水平投影1、2、3。Ⅱ、Ⅲ点也是部分椭圆的两个端点，另外两个端点Ⅳ、Ⅴ正面投影$4'$、$5'$和侧面投影$4''$、$5''$可直接求出，并根据两面投影求出4、5。水平面与圆柱的截交线是矩形，点Ⅳ、Ⅴ是矩形截交线的两个端点，另两个端点Ⅵ、Ⅶ的正面和侧面投影可直接求出，并根据两面投影求出水平投影。点Ⅷ、Ⅸ是部分椭圆短轴的端点，也是截交线的最前点和最后点。其正面投影$8'$、$9'$和侧面投影$8''$、$9''$可直接求出，根据两面投影求出水平投影8、9，如图2-6b所示。

（2）求一般点 圆弧和矩形的截交线不需要一般点。在截交线的椭圆部分选A、B、C、D四点，可直接求出其投影a'、b'、c'、d'和a''、b''、c''、d''，并根据两面投影求出a、b、c、d，如图2-6c所示。

（3）光滑连接各点的水平面投影，并补全轮廓线。水平投影转向轮廓线画到8、9为止，并与椭圆相切，如图2-6d所示。

特别提示

立体被多个平面截切时，需要分别分析截平面与立体的交线，同时还需要分析截平面之间的交线。

二、平面与圆锥体相交

由于截平面与圆锥体的截切位置和轴线倾角不同，截交线有五种不同的情况，见表2-2。

表2-2 圆锥体的截交线

截平面垂直于轴线	截平面倾斜于轴线		截平面平行于轴线	截平面过圆锥锥顶
$\theta = 90°$	$\theta > \alpha$	$\theta = \alpha$	$\theta = 0$ 或 $\theta < \alpha$	
截交线为圆	截交线为椭圆	截交线为抛物线	截交线为双曲线	截交线为三角形

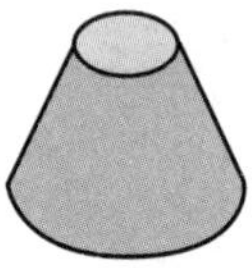

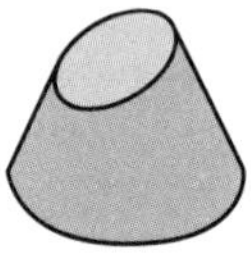

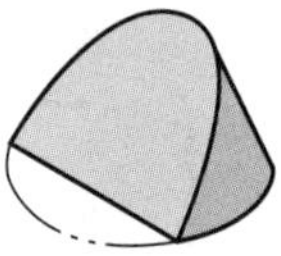

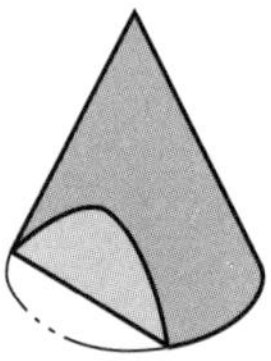

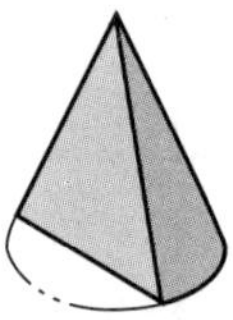

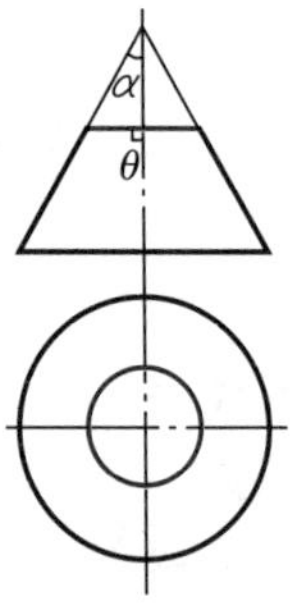

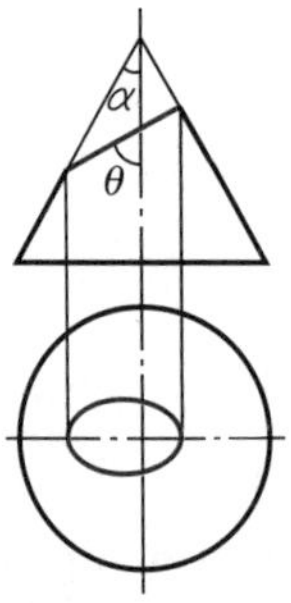

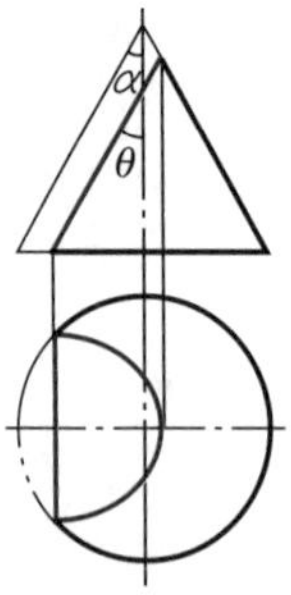

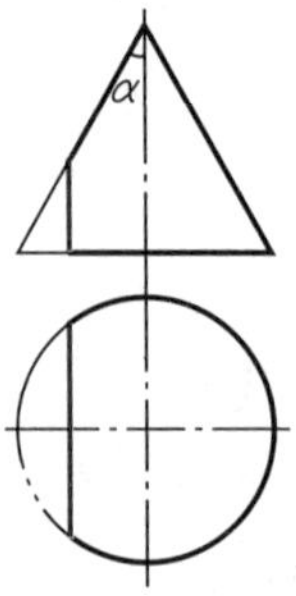

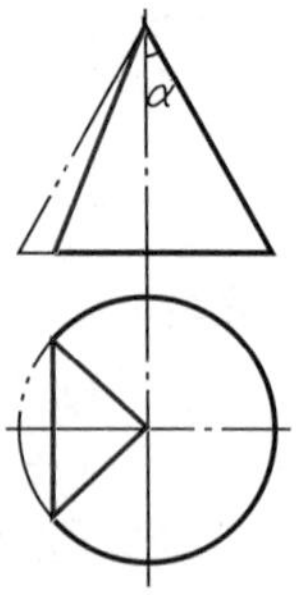

因为圆锥面的各个投影均无积聚性，所以求圆锥的截交线时，可采用辅助平面法。作一辅助平面，利用三面（截平面、圆锥面、辅助平面）共点原理，求截交线上的点，下面举例介绍截切圆锥的作图步骤。

［例 2 – 6］　已知圆锥体的主视图和部分俯视图，求斜切圆锥体的俯视图和左视图，如图 2 – 7a 所示。

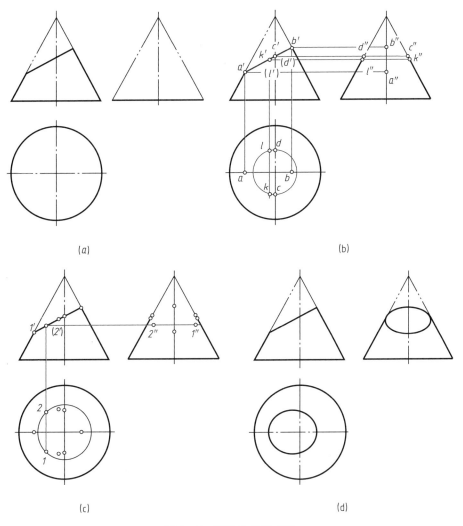

(a)　　　　　　　　　　　　　　　　(b)

(c)　　　　　　　　　　　　　　　　(d)

图 2 – 7　圆锥体的截交线

分析

圆锥体的轴线为铅垂线，因截平面与圆锥轴线的倾角大于圆锥母线与轴线的夹角，所以截交线为椭圆。截平面是正垂面，截交线的正面投影为直线，水平投影和侧面投影均为椭圆。选用辅助水平面作出截交线的俯视图和左视图。

作图步骤：

（1）求特殊点　截交线的最低点 A 和最高点 B，是椭圆长轴的端点，它们的正面投影 a'、

b' 可直接求出，水平投影 a、b 和侧面投影 a''、b'' 按点从属于线的关系求出。截交线的最前点 K 和最后点 L 是椭圆短轴的端点，它们的正面投影为 $a'b'$ 的中点，作辅助水平面求出 k、l 和 k''、l''。圆锥体前后素线与正面投影的交点 c'、d' 可直接求出，水平投影 c、d 和侧面投影 c''、d'' 可按点从属于线的原理求出，如图 2-7b 所示。

（2）求一般点　选择适当的位置作辅助水平面，与截交线正面投影的交点为 $1'$、$2'$，其水平投影和侧面投影即可求出，如图 2-7c 所示。

（3）光滑连接各点同面投影，求出截断体的水平投影和侧面投影，并补全轮廓线，侧面投影轮廓线画到 k''、l'' 两点，并与椭圆相切，如图 2-7d 所示。

［例 2-7］　已知截切圆锥体的主视图，求其余两视图，如图 2-8a 所示。

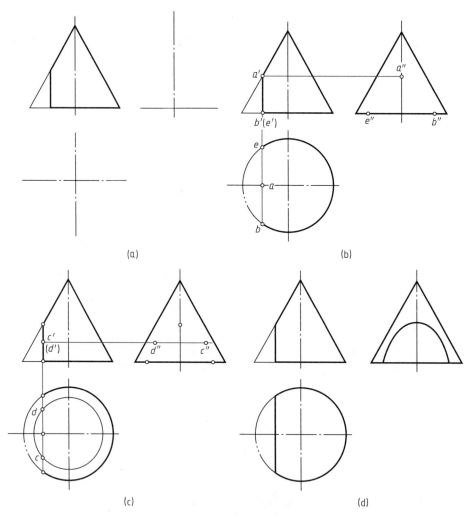

图 2-8　作平行于圆锥轴线的截交线

分析

截平面为不过锥顶而平行于圆锥轴线的侧平面，截交线为双曲线，其正面和水平投影积聚为直线，侧面投影为双曲线。

作图步骤：

（1）求特殊点　圆锥面主视方向轮廓线上的点 A 及双曲线与直线的交点 B、E 为特殊位置的点，由它们的正面投影 a′、b′、e′可直接求出水平投影 a、b、e 和侧面投影 a″、b″、e″，如图 2-8b 所示。

（2）求一般点　在主视图中取适当数量的中间点（如 C、D 点），过 c′、d′作辅助水平面，可求得 c、d 和 c″、d″，如图 2-8c 所示。

（3）光滑连接各点的同面投影，求出截交线的水平和侧面投影，如图 2-8d 所示。

特别提示

　求曲面立体截交线时，应注意先求出特殊点。特殊点主要是指截交线上最高、最低、最左、最右、最前、最后的点，它们通常位于立体的轮廓线上。

三、平面与圆球体相交

　平面与圆球相交，不论截平面处于什么位置，其截交线都是圆。当截平面平行于某一投影面时，截交线在该投影面上的投影为圆，在另两个投影面上的投影积聚为直线。当截平面垂直于某一投影面时，截交线在该投影面上的投影积聚为直线，另外两个投影为椭圆。

　[例 2-8]　已知圆球体被截切后的主视图，求作俯视图，如图 2-9a 所示。

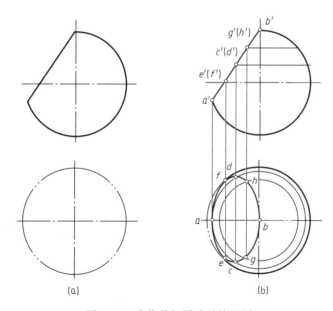

图 2-9　求作截切圆球的俯视图

分析

　截平面为正垂面，截交线的正面投影为直线，水平投影为椭圆。

作图步骤：

如图 2-9b 所示。

（1）求特殊点　截交线的最低点 A 和最高点 B 是最左点和最右点，也是截交线水平投影椭圆短轴的端点，水平投影 a、b 在其正面投影轮廓线的水平投影上。a'b' 的中点 c'(d') 是截交线的水平投影椭圆长轴端点的正面投影，其水平投影 c、d 在辅助水平圆上。e'(f') 是截交线与圆球的水平投影轮廓线的正面投影的交点，其水平投影 e、f 在圆球的水平投影轮廓线上。

（2）求一般点　选择适当位置作辅助水平面，与 a'b' 的交点 g'、h' 为截交线上两个点的正面投影，其水平投影 g、h 投影在辅助圆上。

（3）光滑连接各点的同面投影，得截交线的水平投影，补全外形轮廓线，其轮廓线大圆画到 e、f 两点为止。

［例 2-9］已知带通槽半球的主视图，完成俯视图和左视图，如图 2-10a 所示。

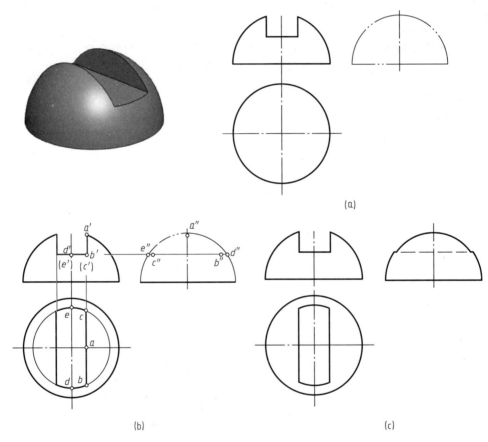

图 2-10　开槽半球的三视图

分析

半球的通槽由三个平面构成，一个水平面和两个侧平面截切圆球，两个侧平面左右对称，与球面的截交线为一段圆弧，侧面投影反映实形，与水平截平面的交线为正垂线。水平截平面与球面的截交线是两段圆弧，水平投影反映实形。作图的关键是确定截交线圆弧的半径，可根据截平面位置确定。

作图步骤：

（1）通槽的水平投影作图：过槽底部作辅助水平面，水平投影为圆，并在圆周上截取与正面投影相对应的前后两段圆弧。

（2）通槽侧面投影的作图：两侧平面与球心等距，两圆弧的半径相等，两段圆弧的侧面投影重合，如图 2 - 10b 所示。

（3）左视图上 $c''b''$ 线不可见，球的轮廓大圆只画到 d''、e'' 处，如图 2 - 10c 所示。

思考

上例中的半球被两个对称的侧平面切割，若被两个不对称的侧平面截切，截交线会是怎样的呢？

任务 3　两回转体相交表面交线的三视图画法

任务描述

工程中最常见的两回转体相交是圆柱与圆柱、圆柱与圆锥、圆柱与圆球相交，相交后产生的交线为相贯线。相贯线的形状取决于两回转体的形状、大小及相对位置，一般为闭合的空间曲线。为了便于读图和准确地画出物体的视图，需要清楚地表达两回转体相交的交线，即能画出相贯线的投影。

一、基本概念

如图 2 - 11 所示，圆柱与圆锥台都是回转体，它们相交后可看作一个形体，称为相贯体。两回转体相交称为相贯。其表面产生的交线称为相贯线。由于两相交回转体的形状、大小和相对位置的不同，所以相贯线的形状也不同，根据相互位置的不同可分为正交、偏交和斜交。这里主要讨论两回转体正交的性质和作图。

1. 相贯线性质

（1）表面性　相贯线位于两立体的表面上。

（2）封闭性　相贯线一般是封闭的空间曲线，特殊情况下可以是平面曲线或直线段。

图 2 - 11　相贯线

（3）共有性　相贯线是两立体表面的共有线，也是两立体表面的分界线，相贯线上的点一定是两相交立体表面的共有点。

2. 相贯线的作图方法

画两回转体的相贯线，就是要求出相交表面的若干个共有点。求相贯线的作图步骤是：

（1）分析两回转体表面性质，即两回转体的相对位置和相交情况。

（2）求相贯线的特殊点，特殊点有最高点、最低点、最左点、最右点、最前点、最后点、可见与不可见的分界点及转向轮廓线上的点，有些点可根据从属关系直接求出；有些要用辅助平面法求出。

（3）求一般点，常用作图方法为辅助平面法，即假想作一辅助平面截切两回转体，分别得出两回转体表面的截交线，则两回转体上截交线的交点必为相贯线上的点。如图 2-12 所示，作辅助水平面 P 与圆柱轴线平行，与圆锥台轴线垂直，所以辅助平面与圆柱表面交线为矩形，与圆锥台表面交线为圆，则两截交线的交点 A、B、C、D 即为圆柱和圆锥台表面的共有点，它们也是辅助平面 P 上的点。若作一系列的辅助平面，便可得到相贯线上的若干点。

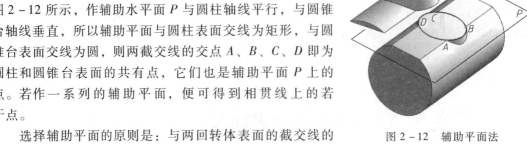

图 2-12 辅助平面法求相贯线上的点

选择辅助平面的原则是：与两回转体表面的截交线的投影为最简单形状（直线或圆）。一般选投影面平行面。

（4）顺次光滑连接各点，并判断相贯线的可见性。

二、两圆柱相交

［例 2-10］ 如图 2-13a 所示，已知正交两圆柱的俯视图和左视图，求作主视图。

分析

两圆柱体轴线垂直相交，其轴线分别为铅垂线和侧垂线，因此小圆柱的水平投影和大圆柱的侧面投影都具有积聚性。相贯线的水平投影积聚在圆周上，侧面投影积聚于圆周的一部分。

作图步骤：

（1）求特殊点　a'、b' 是两圆柱表面共有点的正面投影，也是相贯线的最高点、最左点和最右点。从侧面投影轮廓线的交点求得相贯线最前点、最后点的侧面投影 c''、d''，由从属关系求出其余两面投影，如图 2-13b 所示。

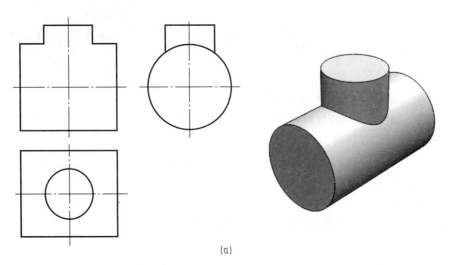

(a)

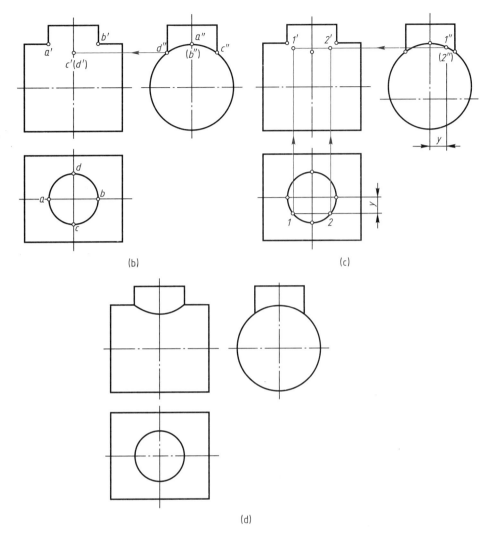

图 2 - 13 两圆柱正交的相贯线

（2）求一般点 作辅助正平面，与两圆柱的交线均为矩形，其侧面投影 *1″*、*2″* 和水平面投影 *1*、*2* 分别为圆周与平面投影的交点，如图 2 - 13c 所示。

（3）判别相贯线的可见性 前半相贯线的正面投影可见，因前后对称，后半相贯线与前半相贯线重影。

（4）按水平投影各点顺序，依次连点成光滑曲线，得相贯线的正面投影。如图 2 - 13d 所示。

［例 2 - 11］ 已知一圆柱体上有一圆柱孔，如图 2 - 14a 所示，求相贯线。

分析与作图 圆柱体上挖去一个圆柱孔，两圆柱的轴线相互垂直，其作图过程与例 2 - 10 相同，注意圆柱孔在主视图中的轮廓线为不可见，要画成细虚线。作图步骤如图 2 - 14b 所示。

三、圆柱与圆锥相交

作圆柱与圆锥相交的相贯线，通常采用辅助平面法。

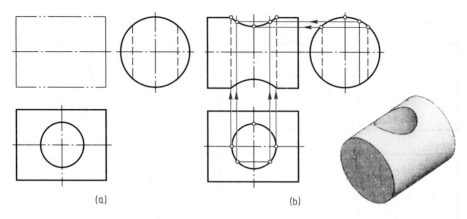

图 2 – 14　圆柱孔与实心圆柱相交

［例 2 – 12］　求圆柱和圆锥相贯的主视图和俯视图，如图 2 – 15a 所示。

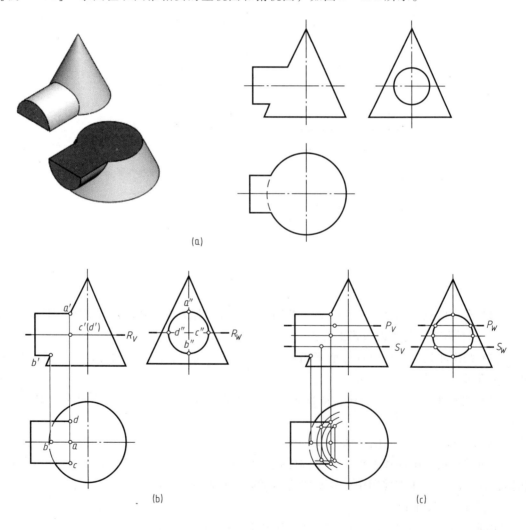

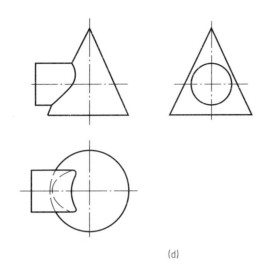

(d)

图 2 – 15　圆柱和圆锥相贯的相贯线

分析

圆柱与圆锥的轴线相互垂直，圆柱的轴线是侧垂线，圆锥的轴线是铅垂线。相贯线的侧面投影积聚在圆柱侧面投影的圆周上。用辅助平面法作图。

作图步骤：

（1）求特殊点　由于圆柱和圆锥的正面投影转向轮廓线是在同一平面上，因此点 A、B 是相贯线的最高点和最低点，其水平投影 a、b 和侧面投影 a''、b'' 可由点线从属关系求出。过圆柱的最前、最后转向轮廓线作辅助水平面，可求得相贯线最前点、最后点的投影。辅助水平面与圆柱的交线的水平投影是转向轮廓线，与圆锥的交线是圆，它们水平投影的交点 c、d 就是最前点和最后点的水平投影，也是相贯线可见与不可见的分界点。将 C、D 投射到正面辅助线上可得 c'、d'，如图 2 – 15b 所示。

（2）求一般点　作辅助水平面与圆柱的交线为矩形，与圆锥交线的水平投影为圆，矩形与圆的交点即为所求，根据从属关系可求出正面投影，如图 2 – 15c 所示。

（3）判别可见性　在主视图上，前半相贯线的投影可见，后半相贯线的投影与前半相贯线重合。在俯视图上，C、D 为可见与不可见的分界点，C、D 以上部分为可见，以下部分为不可见。

（4）依次连点成相贯线，如图 2 – 15d 所示。

特别提示

画相贯线的视图时，应先弄清相交立体的形状、大小和相对位置，然后分析相贯线的形状，求出特殊点，补充一般点，最后光滑连接各点。

四、相贯线的特殊情况

在一般情况下，两回转体的相贯线是封闭的空间曲线，但在特殊情况下相贯线可能是平面曲线或直线。

1. 两回转体同轴

当两个回转体同轴相交时，它们的相贯线都是平面曲线——圆。当回转体轴线平行于投影面时，相贯线在该投影面上的投影是垂直于轴线的直线。如图2-16a所示，圆柱与圆锥同轴，因为两回转体的轴线都平行于正面，其相贯线的水平投影为圆，正面投影积聚为直线。图2-16b为圆柱与圆球同轴相贯，两回转体的轴线平行于正面，其侧面投影为圆，正面投影积聚为直线。

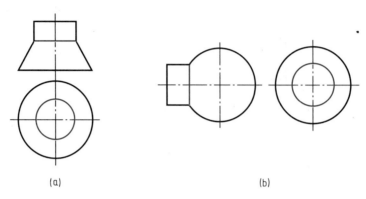

(a)   (b)

图2-16 回转体同轴线相贯

2. 两圆柱体直径相等且轴线垂直相交

如图2-17所示，当两回转体直径相等且轴线垂直相交时，相贯线为两个相同的椭圆，椭圆平面垂直于两轴线所决定的平面。因为两圆柱的轴线都平行于正面，所以相贯线的正面投影积聚为直线，其水平投影为圆。

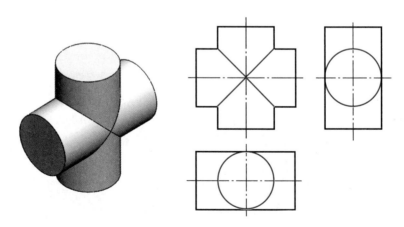

图2-17 等直径圆柱相贯

［例2-13］ 如图2-18a所示，已知两轴相交的圆柱孔俯视图和左视图，作出主视图的相贯线。

分析

两圆柱孔是等直径孔，它们的相贯线为椭圆，两回转体的轴线都平行于正面，相贯线的正面投影为直线。圆柱轴线垂直的圆柱孔与外圆柱的相贯线为空间曲线。

作图如图 2 – 18b 所示。

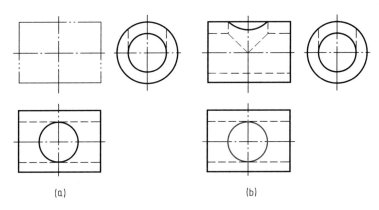

(a)   (b)

图 2 – 18　孔与圆筒相贯

思考

在什么条件下两回转体的相贯线为平面曲线？投影情况如何？

（1）截交线是截平面与立体表面的交线，平面立体的截交线是由直线组成的封闭平面多边形，通过截平面与立体棱线的交点求出。回转体的截交线是封闭的平面图形，可通过立体表面取点求出。

（2）当立体被多个截平面截切时，要逐个截平面进行截交线的分析与作图。当只有部分被截切时，先按整体被截切求出截交线，然后再取局部。

（3）两回转体相贯，相贯线具有共有性、表面性和封闭性。图解相贯线的关键是作出其上的特殊点和一般位置点，根据相贯立体的结构特点，可选用积聚投影法和辅助平面法求相贯线上的点。

（4）特殊情况下的相贯线是一些平面曲线或直线，此时得到形式简单的相贯线。

项目 三

制图的基本知识和基本技能训练

知识目标　(1) 知道国家标准对图幅、字体、比例、图线及尺寸标注的规定；
　　　　　(2) 熟悉绘图工具的使用方法；
　　　　　(3) 会对平面图形的尺寸和线段进行分析；
　　　　　(4) 掌握平面图形的绘制方法。

能力目标　(1) 能按照国家标准的规定，正确选用图幅、字体、图线和比例绘制图
　　　　　　　形，并能按国家标准的规定进行尺寸标注；
　　　　　(2) 熟练使用绘图工具绘制平面图形，并进行尺寸标注；
　　　　　(3) 能徒手绘制平面图形。

任务 1　制图国家标准的基本规定

任务描述

　　工程图样是工程界的语言，是现代机器制造过程中直接指导生产的重要技术文件，是国际、国内技术交流的有效工具。因此，国际上统一规定了"ISO"标准，我国也制定了同国际标准相适应的国家标准"GB"。作为工程技术人员，在绘制工程图样时，要树立标准意识，严格遵守工程制图国家标准的各项规定。

一、图纸幅面和图框格式（摘自 GB/T 14689—2008）①

1. 图纸幅面

为了便于图纸管理、交流与装订，绘制图样时，图纸幅面尺寸应优先采用表 3 - 1 中规定的基本幅面。

表 3 - 1　基本幅面及图框尺寸　　　　　　　　　　　　mm

幅面代号	A0	A1	A2	A3	A4
$B \times L$	841 × 1 189	594 × 841	420 × 594	297 × 420	210 × 297
a	25				
c	10			5	
e	20		10		

必要时允许选用由基本幅面的短边乘整倍数，加长幅面（如 A2 × 3 的图框尺寸，按 A1 的图框尺寸确定）。

2. 图框格式

图纸上限定绘图区域的线框称为图框。

图纸的装订形式一般采用 A4 幅面竖装，也可以按 A3 幅面横装，每张图纸必须用粗实线绘制出图框线，如图 3 - 1 所示。

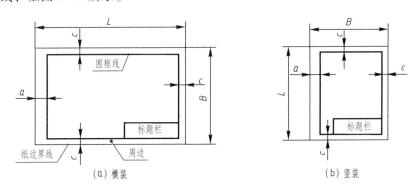

（a）横装　　　　　（b）竖装

图 3 - 1　留有装订边的图纸格式

图纸也可不留装订边，但同一产品的图样只能采用一种格式。不留装订边的图纸，其图框格式如图 3 - 2 所示，图边尺寸 e 按表 3 - 1 选取。

二、标题栏（GB/T 10609.1—2008）

每张图纸必须画出标题栏，其外框用粗实线绘制，内部用细实线分格，底边和右侧与图框线重合，标题栏的格式及其尺寸应按 GB/T 10609.1 的规定。学生的制图作业可暂时采用简化格式，如图 3 - 3 所示。

---

① GB/T 14689—2008 是图纸幅面和格式的标准号，其中"G、B、T"分别是"国家、标准、推荐"的汉语拼音第一个字母，"14689"是标准的编号，"2008"是该项标准发布的年份。

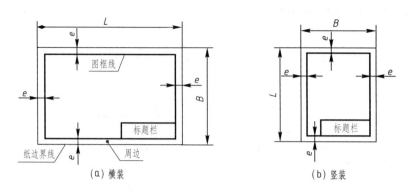

图 3-2　不留装订边的图框格式

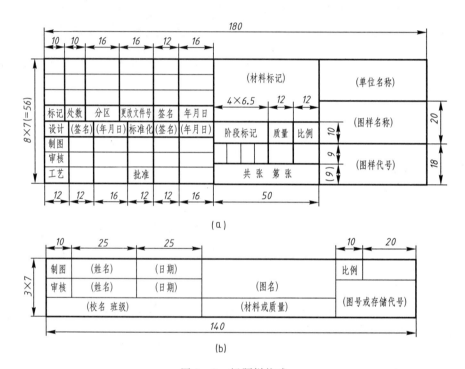

(a)

(b)

图 3-3　标题栏格式

标题栏的位置位于图纸的右下方，如图 3-1、图 3-2 所示。若标题栏的长边置于水平方向并与图纸的长边平行时则构成 X 型图纸，如图 3-2a 所示；若标题栏的长边与图纸的长边相垂直则构成 Y 型图纸，如图 3-2b 所示。看图的方向应与标题栏方向一致。

三、比例（GB/T 14690—1993）

比例是指图中图形与其实物相应要素线性尺寸之比。

绘制图样时，一般应从表 3-2 规定的系列中选取不带括号的适当比例，必要时也允许选取表 3-2 中带括号的比例。通常情况下，比例标注应放在标题栏的比例栏内；当某个视图需要采用不同的比例时，必须另行标出，如：$\dfrac{I}{2:1}$。

表 3 – 2　绘图的比例

原值比例	$1:1$
缩小比例	$(1:1.5)$　$1:2$　$(1:2.5)$　$(1:3)$　$(1:4)$　$1:5$　$(1:6)$　$1:1 \times 10^n$　$(1:1.5 \times 10^n)$　 $1:2 \times 10^n$　$(1:2.5 \times 10^n)$　$(1:3 \times 10^n)$　$(1:4 \times 10^n)$　$1:5 \times 10^n$　$(1:6 \times 10^n)$
放大比例	$2:1$　$(2.5:1)$　$(4:1)$　$5:1$　$1 \times 10^n:1$　$2 \times 10^n:1$　$(2.5 \times 10^n:1)$　 $(4 \times 10^n:1)$　$5 \times 10^n:1$

注：n 为正整数。

图样上所注尺寸应为实物的真实大小（单位一般用 mm），与所用的比例无关，如图 3 – 4 所示。

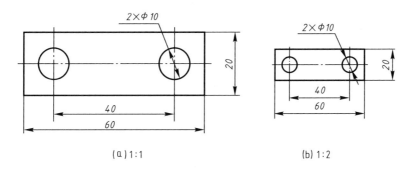

(a) 1:1　　　　　　　　　　(b) 1:2

图 3 – 4　用不同比例画出的机件

思考

比例分为哪三种？绘图时如何选择比例？

四、字体（GB/T 14691—1993）

在工程图样中，还有许多信息是无法用图形来传递的，必须用文字语言来完成，如尺寸数字、技术要求等。在图样上书写汉字、数字和字母时，必须做到字体工整、笔画清楚、间隔均匀、排列整齐，以保证图样的清晰、美观。

汉字应写成长仿宋体，并采用我国国务院正式公布的简化汉字。字体的高度（用 h 表示）常称为号数，公称尺寸系列为 1.8 mm、2.5 mm、3.5 mm、5 mm、7 mm、10 mm、14 mm、20 mm。如需要书写更大的字，其字体高度应按 $\sqrt{2}$ 的比率递增。汉字的高度不应小于 3.5 mm，字宽一般为 $\dfrac{h}{\sqrt{2}}$。长仿宋体字的笔画如下：

一 丨 ノノノ 八 乀 丶 ノ丶 ノ 丿 乛 乚 乀 乛

书写汉字应做到：

横平竖直　注意起落　结构均匀　填满方格

汉字示例：7 号字

机械制图技术要求斜度电子航空船舶土木
建筑镀硬铬　旋转　中心孔　矿山　纺织

数字和字母分为 A 型和 B 型，A 型字体的笔画宽度为字高的 1/14，B 型字体的笔画宽度为字高的 1/10。在同一图样上，只允许选用一种形式的字体。字母和数字可写成斜体和直体。斜体字字头向右倾斜，与水平基准线成 75°。

1. 拉丁字母示例

A 型字体：

大写斜体

ABCDEFGHIJKLMN

大写直体

ABCDEFGHIJKLMN

小写斜体　　　　小写直体

abcdefg　abcdefg

2. 罗马数字示例

A 型字体：

斜体

I II III IV V VI VII VIII IX X

3. 阿拉伯数字示例

A 型字体：

斜体　　　　　直体

B 型字体

斜体　　　　　　　　直体

0123456789　0123456789

五、图线及其画法（GB/T 17450—1998、GB/T 4457.4—2002）

绘图时应采用国家标准规定的图线型式和画法。

1. 图线型式及其应用

各种图线的名称、型式、宽度及应用说明见表 3-3。图线分为粗细两种。粗线的宽度 d 应按图的大小和复杂程度在 0.5~2 mm 之间选取，细线的宽度为 $d/2$。图线宽度 d 推荐系列为 0.18 mm、0.25 mm、0.35 mm、0.5 mm、0.7 mm、1 mm、1.4 mm、2 mm。其中 0.18 mm 应尽量避免使用。图 3-5 说明图线的应用。

表 3-3　图线（GB/T 4457.4—2002）

图线名称	图线型式	图线宽度	主要用途
粗实线	——————	d	可见轮廓线
细实线	————————	$d/2$	尺寸线、尺寸界线、剖面线、重合断面的轮廓线、过渡线等
波浪线	～～～～	$d/2$	断裂处的边界线、视图和剖视的分界线
双折线	—ᨐ—ᨐ—	$d/2$	断裂处的边界线、视图与剖视的分界线
细虚线	— — — —	$d/2$	不可见轮廓线
粗虚线	— — — —	d	允许表面处理的表示线
细点画线	—·—·—·—	$d/2$	轴线、对称中心线、轨迹线、节圆及节线
粗点画线	—·—·—·—	d	有特殊要求的表面的表示线
细双点画线	—··—··—	$d/2$	假想投影轮廓线、中断线

2. 图线的画法

（1）同一图样中同类图线的宽度应基本一致。细虚线、细点画线、细双点画线的线段长度和间隙应各自大致相等。

（2）两条平行线（包括剖面线）之间的距离应不小于粗实线的两倍宽度，其最小距离不得小于 0.7 mm。

（3）绘制圆的对称中心线时，圆心应为线段的交点。细点画线（细双点画线）的首末两端

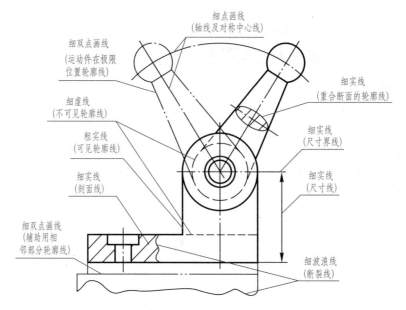

图 3-5 图线及其应用示例

应是线段而不是点，且应超出圆外 3~5 mm。在较小的图形上绘制细点画线有困难时，可用细实线代替，如图 3-6 所示。

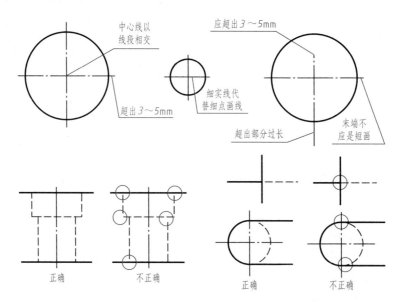

图 3-6 图线的画法

（4）细虚线与各种图线相交时，应以线段相交；细虚线作为粗实线的延长线时，实、虚变换处要空开，如图 3-6 所示。

六、尺寸注法（GB/T 16675.2—2012、GB/T 4458.4—2003）

图形只能表达物体的形状，而物体的大小则由标注的尺寸来确定。尺寸的标注是一项极为重要的工作，必须认真、细致、一丝不苟，如有尺寸遗漏和错误，将会带来极大的损失。

1. 基本规则

（1）物体的真实大小应以图样上所注的尺寸数值为依据，与图形的大小及绘图的准确度无关。

（2）图样中的尺寸，以毫米为单位的不需标注计量单位的代号和名称，如采用其他单位时，则必须注明计量单位的代号和名称，如60°、50 cm 等。

（3）图样中的尺寸，为该图样所示物体最后完工尺寸，否则应另加说明。

（4）物体的每一尺寸，一般只标注一次，并应标注在反映该结构最清晰的图形上。

2. 尺寸的组成

一个完整的尺寸由尺寸数字(包括必要的字母和图形、符号)、尺寸线和尺寸界线组成，如图3－7所示。

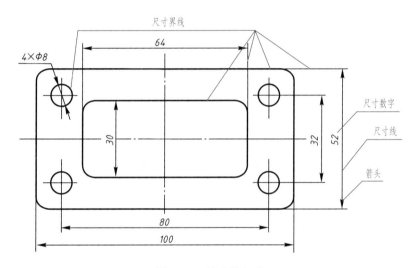

图 3 - 7 尺寸的组成

（1）尺寸数字

线性尺寸的尺寸数字应注写在尺寸线的上方，也允许注写在尺寸线的中断处，但在同一张图样中应尽可能一致。

数字的书写方向：水平尺寸数字头朝上，垂直尺寸数字头朝左，倾斜尺寸数字应有头朝上的趋势，如图3－8a所示。应尽量避免在图示的30°范围内标注尺寸，如无法避免时，可按图3－8b形式标注。对非水平方向的尺寸，其数字也可水平地注写在尺寸线的中断处。尺寸数字注法见表3－4。同一图样中，尺寸数字应大小一致，倾斜度一致。

（2）尺寸线

尺寸线用细实线绘制，不得用其他图线代替或画成其他图线的延长线。其终端应画成箭头和斜线，如图3－7所示，箭头尖端应与尺寸界线接触(不空开、不超出)。如没有足够的位置画箭头时，允许用圆点和斜线代替，注意圆点不能画在粗实线上，只能画在用细实线引出的尺寸界线上，圆点的直径约为 d。当用斜线代替箭头时，遵守的规则是：当尺寸线处于水平位置时，斜线与尺寸线只能从左下到右上成45°倾斜，如图3－9所示。

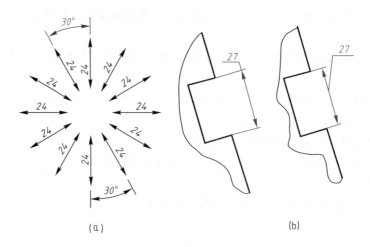

(a)   (b)

图 3 - 8   尺寸数字的注写方法

表 3 - 4   各类尺寸的注法

项目	图例	说明
角度		角度的尺寸界线应沿径向引出，尺寸线画成圆弧，其圆心为该角的顶点，半径取适当大小；角度数字一律水平书写，一般注在尺寸线的中断处或尺寸线的上方或外边，也可引出标注
圆的直径		圆或大于半圆的弧应标注直径，并在尺寸数字前加注直径符号"φ"，尺寸线应通过圆心，并在接触圆周的终端画箭头。圆弧直径尺寸线应画至略超过圆心，只在尺寸线一端画箭头指向圆弧
圆弧半径		小于半圆的弧应标注半径，并在尺寸数字前加注符号"R"，尺寸线应通过圆心，带箭头的一端应与圆弧接触，如图 a。当圆弧半径过大或图纸范围内无法标其圆心位置时，可按图 b 的折线形式标注，若不需标出其圆心位置时可按图 c 形式标注

续表

项目	图例	说明
相同的组成要素 小部位的直线尺寸	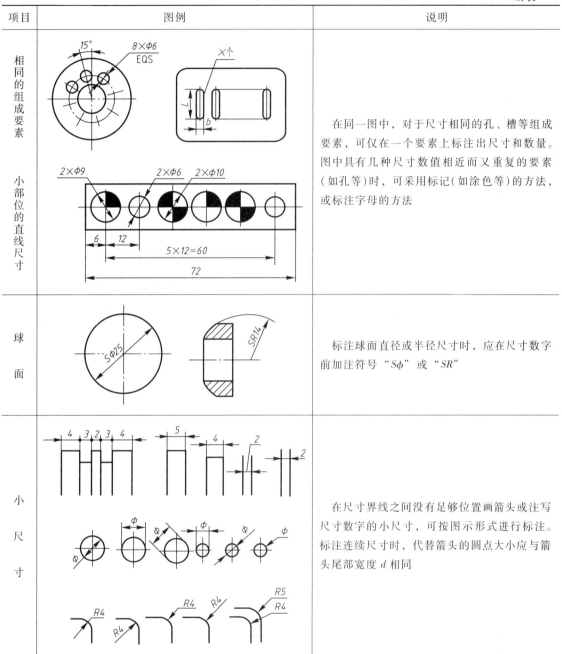	在同一图中，对于尺寸相同的孔、槽等组成要素，可仅在一个要素上标注出尺寸和数量。图中具有几种尺寸数值相近而又重复的要素（如孔等）时，可采用标记（如涂色等）的方法，或标注字母的方法
球面		标注球面直径或半径尺寸时，应在尺寸数字前加注符号"$S\phi$"或"SR"
小尺寸		在尺寸界线之间没有足够位置画箭头或注写尺寸数字的小尺寸，可按图示形式进行标注。标注连续尺寸时，代替箭头的圆点大小应与箭头尾部宽度 d 相同

　　机械图中多采用箭头形式，同一图中，终端形式应一致，箭头大小应一致。线性尺寸的尺寸线应与所注尺寸平行且相等。角度的尺寸线应画成圆弧，如表 3-4 所示。

　　（3）尺寸界线

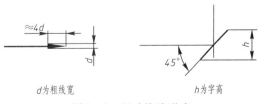

d为粗线宽　　　　h为字高

图 3-9　尺寸终端形式

尺寸界线用细实线绘制,并应由图形的轮廓线、轴线或对称中心线引出,也可直接利用轮廓线、轴线或对称线作尺寸界线,如图3-7所示。

特别提示

尺寸界线可以用其他图线代替,尺寸线不允许用其他任何图线代替,只能用细实线绘出,并且也不允许与其他图线相交。

在光滑过渡处标注尺寸时,必须用细实线将轮廓线延长,并从它们的交点处引出尺寸界线,如图3-10所示。

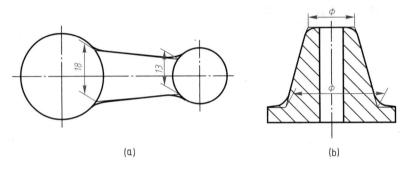

(a)   (b)

图3-10 光滑过渡处的尺寸界线形式

任务2 绘图工具及其使用方法

任务描述

一名工程制图员,在画图过程中除了考虑图样符合国家标准外,还要考虑用哪些绘图工具,采用什么样的方法绘制图样。这就需要我们正确而熟练地使用绘图工具和仪器,来提高绘图质量和效率。即使在计算机绘图普及的时代,手工绘图也是不可缺少的,应通过作图实践,提高手工绘图水平。

一、绘图工具的使用

1. 图板

图板是供铺放图纸用的空心木板,表面须经磨平磨光,左右两导边要平直,如图3-11所示,绘图时用胶带纸将图纸固定在图板的适当位置上。

2. 丁字尺

丁字尺由尺头和尺身组成。尺头较短,固定在尺身的左端,其内侧边与尺身上方的工作边

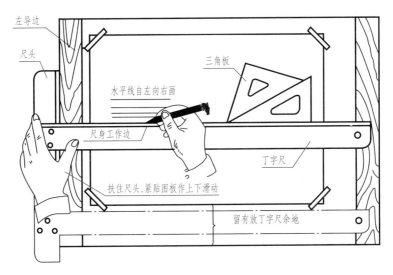

图 3 – 11　图板、丁字尺、三角板

垂直。当尺头的内侧边贴紧图板的左导边时，即沿尺身的工作边画出水平线。让其紧贴图板导边上下移动，则可画出不同位置的水平线。丁字尺还可同三角板配合使用。

3. 三角板

三角板由一块 45°的等腰直角三角形和一块 30°、60°的直角三角形组成，如图 3 – 12 所示，它们与丁字尺配合使用可画出垂直线和 15°整倍数的斜线。两块三角板配合可画出任意斜线、水平线和垂直线。

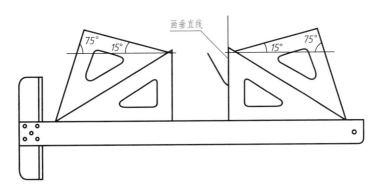

图 3 – 12　三角板

4. 铅笔

绘图铅笔的铅芯有软硬之分，软（B）、硬（H）、中性（HB）三种。一般用 2H、3H 铅笔画细线，H 铅笔写字、画箭头。这些铅笔都应削成较长铅芯且磨成锥状，如图 3 – 13 所示。HB 或 B 铅笔用于画粗实线，铅芯较短，削磨成四棱柱形，以保证画出的粗实线均匀一致。

5. 分规、圆规

分规用来量取线段、等分线段和截取尺寸等。分规两腿端部有钢针，当合拢两腿时两针尖应汇交于一点。其用法如图 3 – 14 所示。

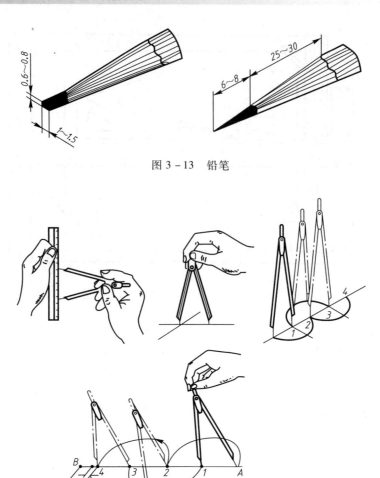

图 3 - 13　铅笔

图 3 - 14　分规的使用方法

　　圆规用于画圆弧和圆。它的固定腿上装有钢针，钢针的两端形状不同，带有台阶的一端用于画圆和圆弧，使用时将针尖全部扎入图板，台阶接触纸面。具有肘关节的腿用来插铅笔或直线笔的插腿，画圆时要弯曲肘关节并调整针尖方向，使它们分别垂直于纸面。画大圆时要加延长杆，如图 3 - 15 所示。

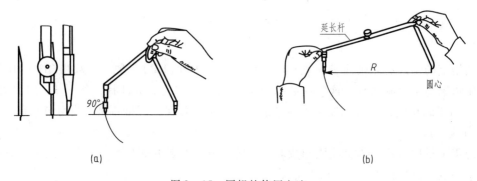

(a)　　　　　　　　　　　　　　　　　　　(b)

图 3 - 15　圆规的使用方法

6. 曲线板

曲线板是一种具有不同曲率半径的模板，用来绘制各种非圆曲线。具体用法：当找到曲线上的一系列点后，选用曲线板上一段与连续四个点贴合最好的轮廓，画线时只连前三点，然后再连续贴合后面未连线的四个点，仍然连前三点，这样中间有一段前后重复贴合两次，依次作下去即可连出光滑曲线，如图 3 - 16 所示。

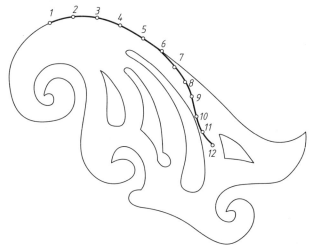

图 3 - 16　曲线板的用法

7. 多功能模板

多功能模板种类较多，它们可使绘图速度大大提高，如画小圆、螺母、符号、小圆角、正多边形等。

特别提示

为保证绘图的准确性，丁字尺的尺头只能与图板的左导边配合，不允许将丁字尺的尺头靠在图板的上、下、右边。要习惯三角板与丁字尺配合使用画线。

二、几何作图

机器零件的轮廓一般都是由直线、圆、圆弧等几何要素组成的。掌握几何图形的正确画法，有利于提高制图的效率和准确性。现介绍一些常见的几何图形的作图方法。

1. 等分已知线段

【例】　三等分已知线段 *AB*，如图 3 - 17 所示。

（1）过端点 *A* 作任一直线 *AC*；

（2）用分规以任意的长度在 *AC* 上截取三等分得 *1*、*2*、*3* 点；

（3）连接 *3B*；

（4）过 *1*、*2* 等分点作 *3B* 的平行线交 *AB* 于 *1′*、*2′* 即得三等分点。

此方法适用于等分已知线段。

2. 等分圆周作多边形

表 3 - 5 列举了等分圆周和作多边形的方法。

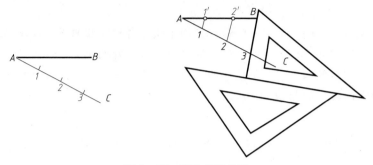

图 3-17　等分任意线段

表 3-5　等分圆周和作正多边形

类别	作图	方法和步骤
三等分圆周和作正三角形		方法：用30°、60°的三角板等分 　将30°、60°的三角板的短直角边紧贴丁字尺，并使其斜边过点 A 作直线 AB；翻转三角板，以同样的方法作直线 AC，连接 BC，即得正三角形
六等分圆周和作正六边形	(a) (b)	方法一：用圆规直接等分 　以已知圆直径的两端点 A、D 为圆心，以已知圆半径 R 为半径画弧与圆周相交，即得等分点 B、F 和 C、E，依次连接各点，即得正六边形，如图 a 所示 方法二：用30°、60°的三角板等分 　将30°、60°的三角板的短直角边紧贴丁字尺，并使其斜边过点 A、D（直径上的两端点），作直线 AF 和 DC；翻转三角板，以同样的方法作直线 AB 和 DE，连 BC 和 FE，即得正六边形，如图 b 所示
五等分圆周和作正五边形	(a)　　　(b)	① 平分半径 OM 得点 O_1，以点 O_1 为圆心，O_1A 长为半径画弧，交 ON 于点 O_2，如图 a 所示； ② 以 O_2A 为弦长，自点 A 起在圆周依次截取，得等分点 B、C、D、E，连接后得正五边形，如图 b 所示

续表

类别	作　图	方法和步骤
任意等分圆周和作正 n 边形（如正七边形）		① 先将已知直径 AK 七等分；以点 K 为圆心、直径 AK 长为半径画弧，交直径 PQ 的延长线于 M、N，如图 a 所示； ② 自点 M、N 分别向 AK 上的各偶数点（或奇数点）连直线并延长，交圆周于点 B、C、D 和 E、F、G；依次连接各点，即得正七边形，如图 b 所示

思考

画圆内接正五边形，顶点的位置能改变吗？还可以用什么方法绘制？试一试。

3. 斜度和锥度

（1）斜度

斜度是指一直线或平面对另一直线或平面的倾斜程度，其大小用两直线或平面夹角的正切值来度量。在图纸上常用比值来表示，习惯上前项化为 1，如 $1:n$。如求一直线 AC 对另一已知直线 AB 的倾斜度为 $1:5$，作图步骤如下：

① 将线段 AB 五等分；

② 过点 B 作 AB 的垂直线 BC，使 $BC:AB=1:5$；

③ 连 AC，即为所求的倾斜线。

如图 3 - 18 所示，标注斜度时，需在 $1:n$ 前加注斜度符号"∠"，且符号的方向应与斜度的方向一致。

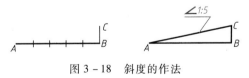

图 3 - 18　斜度的作法

（2）锥度

锥度是指正圆锥体底圆的直径与其高度之比或圆台体两底圆直径之差与其高度之比。锥度 $=\dfrac{D}{L}=\dfrac{D-d}{L}=2\tan\alpha$，$\alpha$ 为半锥角。在图样上标注锥度时，常用 $1:n$ 的形式，并在前加锥度符号"▷"，且符号"▷"的方向应与锥度方向一致，如图 3 - 19a 所示。

已知圆台的锥度为 1∶3，其作图过程为：

① 自点 A 在轴线上量取 $AO = 3$ 个单位长度，得点 O；

② 过点 O 作轴线的垂直线 CB，截取 $OC = OB = 0.5$ 个单位，即 $BC∶AO = 1∶3$，连接 AB、AC 得圆锥体，其锥度为 1∶3；

③ 过 E 点作 EM 平行于 AB，过 F 点作 FN 平行于 AC，即为所求，如图 3–19b 所示。

4. 圆弧连接

在工程图样中的大多数图形都是由直线和圆弧、圆弧和圆弧光滑连接而成。用已知半径的圆弧光滑地连接两条已知线段（直线或圆弧）的作图方法称为圆弧连接。

圆弧连接的基本作图原理：

（1）与已知直线相切的圆弧（半径为 R）圆心轨迹是一条直线，该直线与已知直线平行，且距离为 R。从求出的圆心向已知直线作垂直线，垂足就是切点 K，如图 3–20 所示。

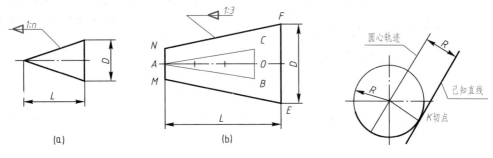

图 3–19　锥度的作法　　　　　　　　图 3–20　直线与圆弧相切

（2）与已知圆弧（O_1 为圆心，R_1 为半径）相切的圆弧（R 为半径）圆心轨迹为已知圆弧的同心圆，该圆的半径 R_x 要根据相切情况而定，当两圆外切时，$R_x = R_1 + R$，如图 3–21a 所示。当两圆内切时，$R_x = |R_1 - R|$，如图 3–21b 所示。其切点 K 在两圆的连心线与圆弧的交点处。圆弧连接作图见表 3–6。

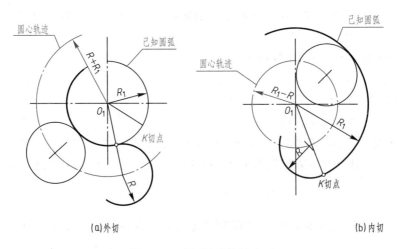

(a)外切　　　　　　　　　　　　(b)内切

图 3–21　圆弧与圆弧相切

表 3 - 6 各种连接作图

连接要求	作图方法和步骤		
	求圆心 O(所求圆弧半径为 R)	求切点 K_1、K_2	画连接圆弧
连接相交两直线	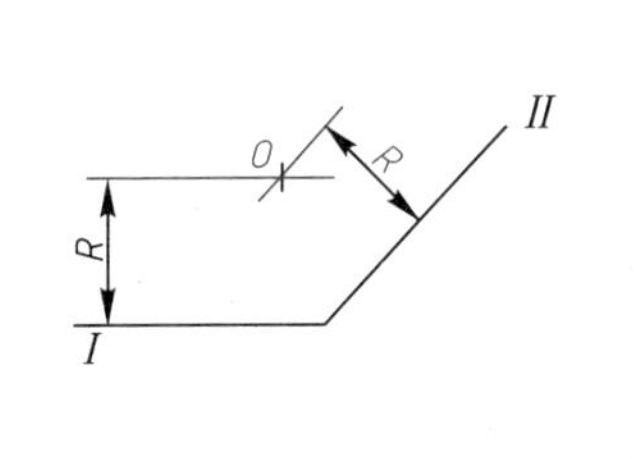	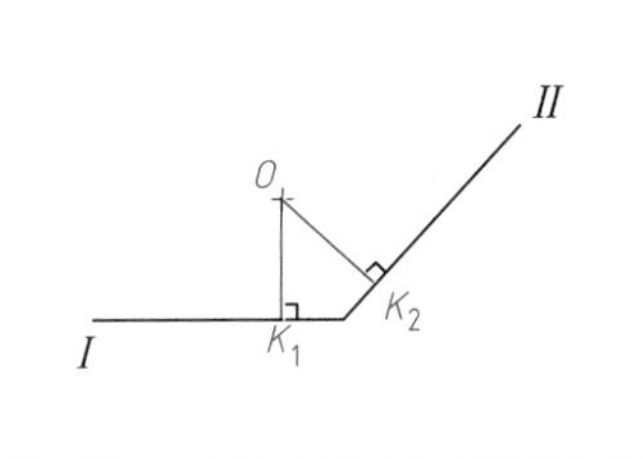	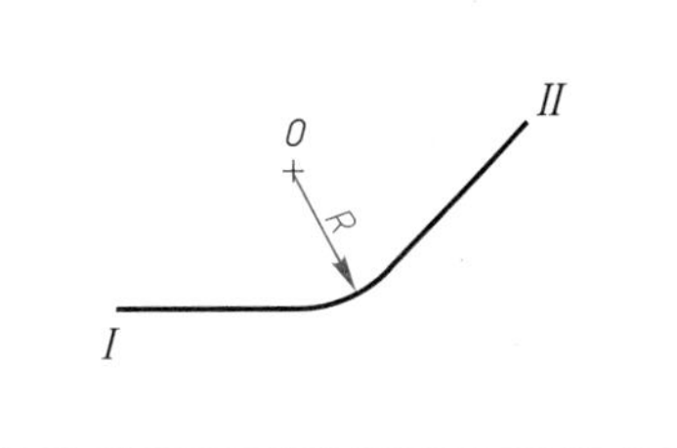
连接一直线和一圆弧	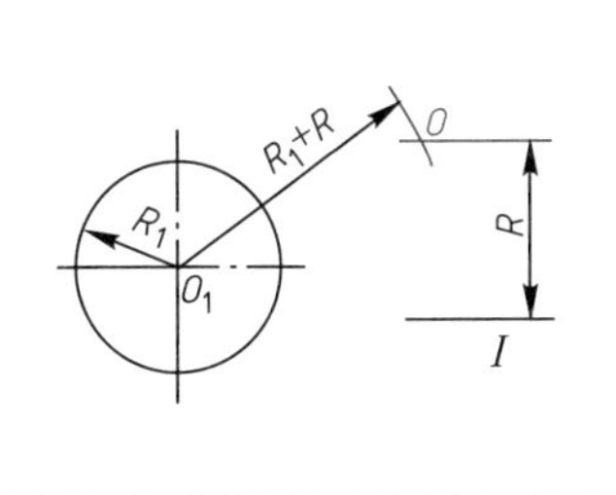	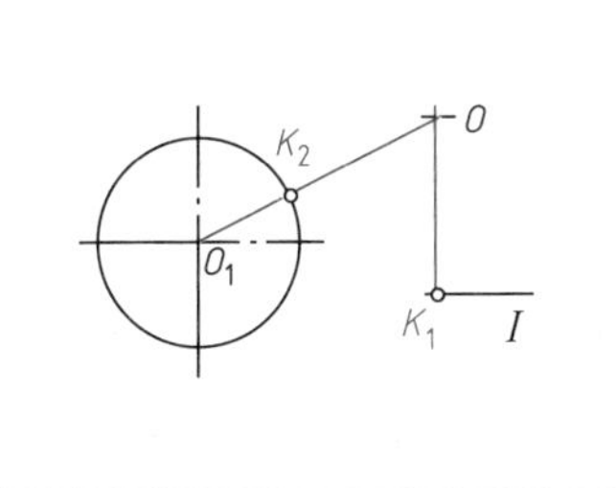	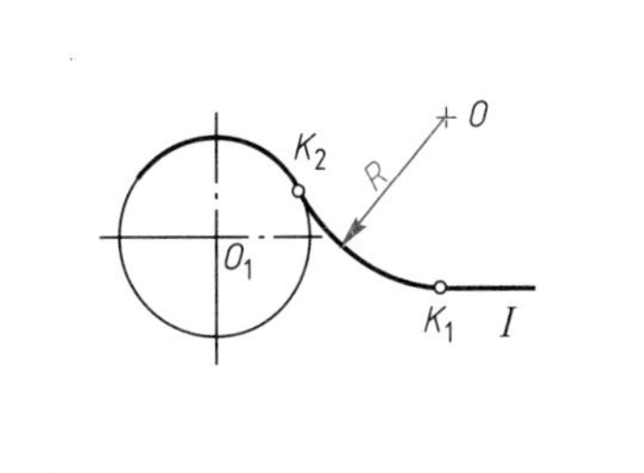
外接两圆弧	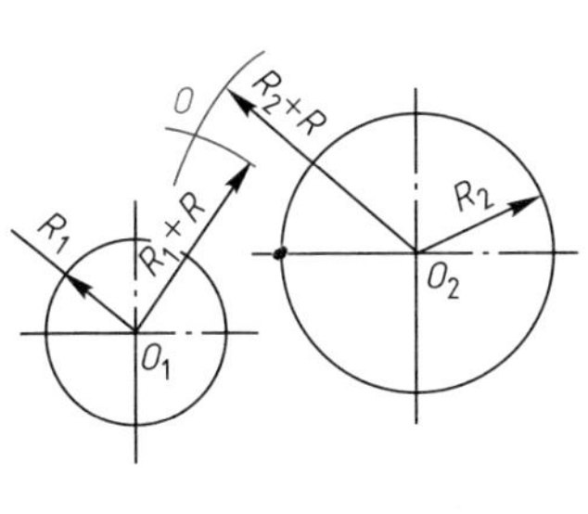	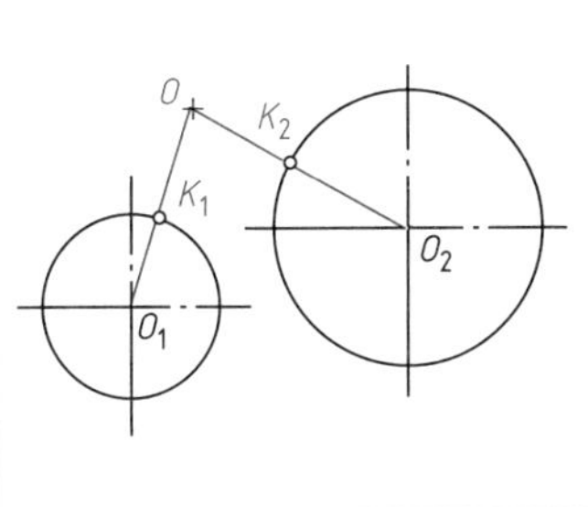	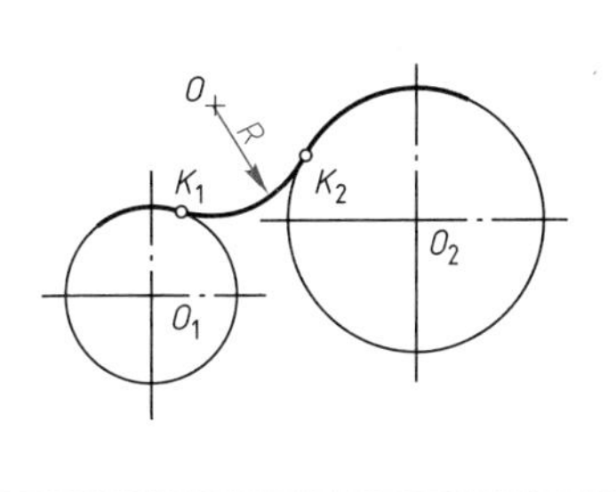
内接两圆弧	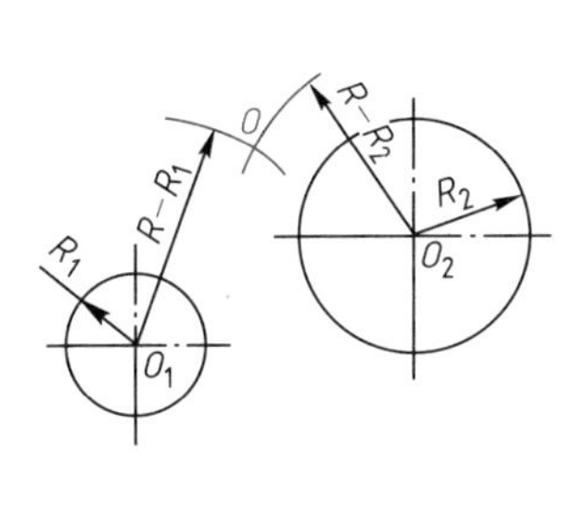	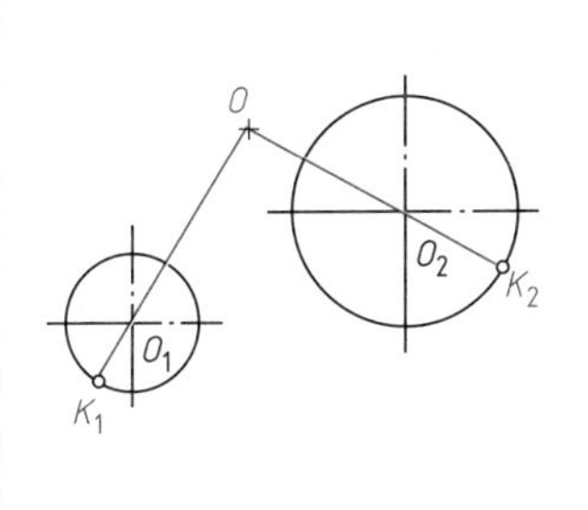	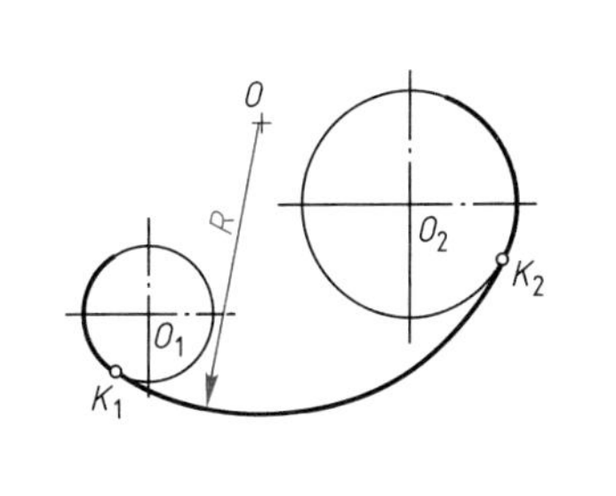
内外接两圆弧	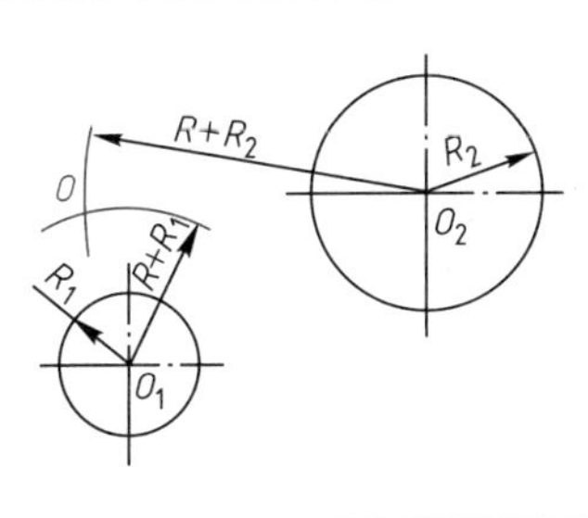	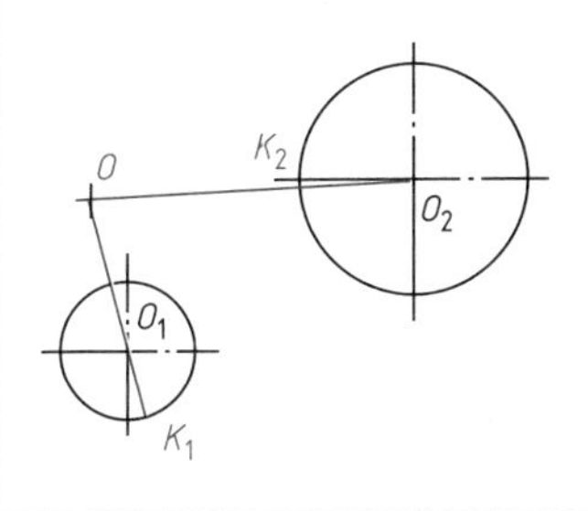	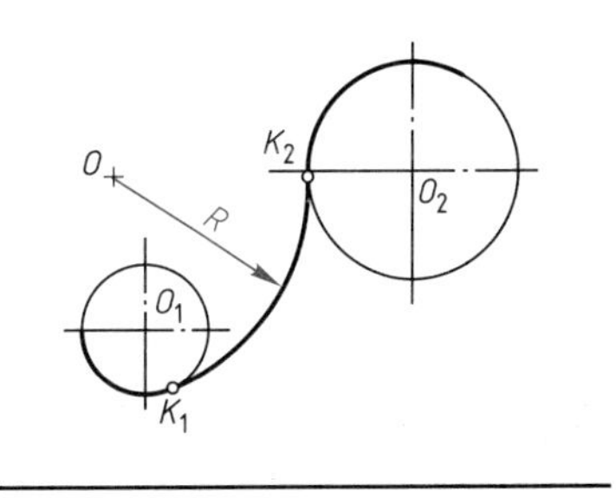

特别提示

圆弧连接作图的关键是求出连接弧的圆心和切点。

5. 椭圆的画法

椭圆是一种最常见的非圆曲线，一般情况下，已知椭圆的长短轴画椭圆，如图 3 - 22a 所示，是近似地用四心圆法画椭圆。而图 3 - 22b 所示的是用同心圆法确定椭圆上一系列的点，然后用曲线板光滑连接，是较精确的画法。

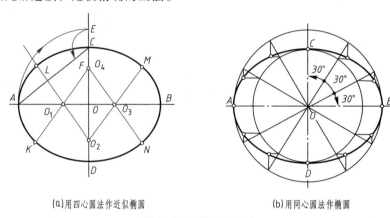

(a)用四心圆法作近似椭圆　　　　　(b)用同心圆法作椭圆

图 3 - 22　椭圆的画法

（1）四心圆法

已知长轴 AB 和短轴 CD，连 AC；以 O 为圆心、OA 为半径画弧，交 CD 延长线于 E；再以 C 为圆心、CE 为半径画弧，截 AC 于 F；作 AF 的中垂线，交长轴于 O_1，交短轴于 O_2，并找到 O_1、O_2 的对称点 O_3、O_4；然后把 O_1O_2、O_2O_3、O_3O_4、O_4O_1 连直线。以 O_1、O_3 为圆心，O_1A 为半径；O_2、O_4 为圆心，O_2C 为半径，分别画弧至连心线，K、L、M、N 为连接点，光滑连接各点，即得椭圆。

（2）同心圆法

以 AB 和 CD 为直径画同心圆；然后过圆心作一系列直径与两圆相交。自大圆交点作垂线，小圆交点作水平线，每两条对应直线的交点就是椭圆上的点，用曲线板顺序光滑连接各点，即得椭圆。

任务 3　平面轮廓图的分析与绘制

任务描述

工程上常见的物体轮廓都是由直线、圆弧和一些其他曲线组成的平面几何图形，即平面图形是由许多线段连接而成的，这些线段的相对位置和连接关系靠给定的尺寸来决定。图形与尺寸的关系极为密切，要正确画出平面图形，必须进行尺寸分析和线段分析。分析平面图形中每个尺寸的作用和图形与尺寸的关系，以便确定画图的步骤。

一、平面图形的尺寸分析

以图 3 – 23 所示的手柄为例，图中所注尺寸按其作用可分为两类。

1. 定形尺寸

定形尺寸是确定平面图形上几何要素大小的尺寸。如圆的大小、直线的长短等，如图 3 – 23 所示，15、$R12$、$R15$、$\phi20$ 等均为定形尺寸。

2. 定位尺寸

定位尺寸是确定几何要素位置的尺寸。如圆心和直线相对于坐标系的位置等，图 3 – 23 所示 8、75 等均为定位尺寸。标注定位尺寸时必须与尺寸基准(坐标轴)相联系。

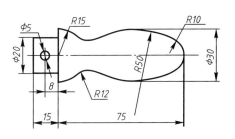

图 3 – 23　手柄图形分析

尺寸基准是指标注尺寸的起点。对平面图形而言，有上下和左右方向的基准，相当于 X、Y 坐标轴，通常以图中的对称线、较大圆的中心线、较长的直线为尺寸基准。如图 3 – 23 水平中心线为 Y 方向的尺寸基准，距左端 15 mm 处的端面(铅垂线)为 X 方向的尺寸基准。

二、平面图形的线段分析

以图 3 – 23 为例，根据图中所给尺寸的数量，线段(包括直线段和圆弧段)可分为三类(以圆弧为例)。

1. 已知弧

已知圆弧半径尺寸和圆心位置(两个坐标方向)尺寸的圆弧称为已知弧，如图中 $R15$、$R10$ 的圆弧。画已知弧时，无需依赖其他线段即可直接画出。

2. 中间弧

已知圆弧的半径尺寸和圆心的一个坐标方向的位置尺寸的圆弧称为中间弧，如图中 $R50$ 的圆弧。中间少一个坐标方向的位置尺寸，必须利用其他几何关系求出圆心坐标，才能画出。如 $R50$ 必须利用与 $R10$ 圆弧的内切关系才能画出。

3. 连接弧

已知圆弧的半径尺寸，无圆心坐标的圆弧称为连接弧，如 $R12$ 的圆弧。连接弧缺少圆心坐标两个尺寸，必须利用与其相邻的两几何关系才能定出圆心位置，如 $R12$ 的圆弧必须利用与 $R15$、$R50$ 两圆弧相切的关系才能画出。

三、平面图形的作图步骤

对图 3 – 23 中手柄图形的每个圆弧进行分析，绘制平面图形的作图步骤：先画相互垂直的两条基准线，按已知弧、中间弧、连接弧的顺序依次画出各弧，最后检查全图、描深、描粗、标注尺寸。

手柄平面图形的作图步骤见图 3 – 24。

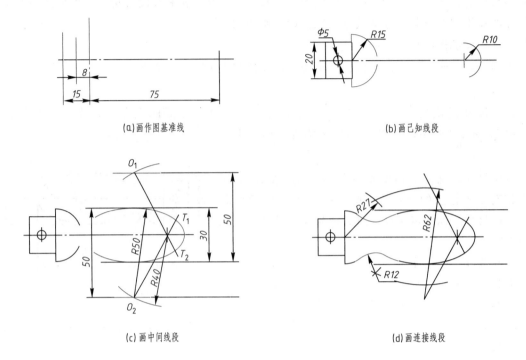

(a)画作图基准线　　　　　　　　　　　　(b)画已知线段

(c)画中间线段　　　　　　　　　　　　　(d)画连接线段

图 3 – 24　手柄图形的作图步骤

特别提示

画平面图形时，应先对图形中的尺寸、线段的性质进行分析，从而确定正确的作图方法和步骤。

四、平面图形的尺寸标注

平面图形绘制完之后，需遵循正确、完整、清晰的原则来标注尺寸。标注尺寸要符合国家标准的规定，尺寸不出现重复和遗漏；尺寸要安排有序，布局整齐，注写清楚。

首先对图形进行必要的分析，方能不遗漏也不多余地标出确定各封闭图形或线段的相对位置大小的尺寸，具体步骤如下：

（1）确定尺寸基准，在水平方向和铅垂方向各选一条直线作为尺寸基准。

（2）确定图形中各线段的性质，确定出已知线段、中间线段和连接线段。

（3）按确定的已知线段、中间线段和连接线段的顺序逐个标注各线段的定形和定位尺寸。

图 3 – 25 为常见平面图形的尺寸标注。

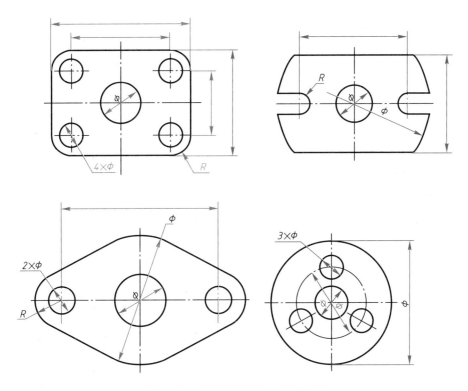

图 3 – 25　平面图形的尺寸标注示例

任务 4　草图的绘制方法

 任务描述

　　不借助绘图工具，依靠目测大致估计物体各部分的比例，并徒手绘制的图样称为草图。在设计、维修、仿造、计算机绘图等场合，经常需要借助草图来表达技术思想。因此，工程技术人员应具备徒手绘图的能力，以便针对不同的条件和要求都能迅速地绘制工程图样或表达、交流设计思想。画出的草图应做到：表达合理、投影正确、图线清晰、字体工整、比例匀称、尺寸无误。

　　一、直线的画法

　　徒手画直线时，运笔力求自然，小手指靠着纸面，笔尖前进方向应看得清楚，眼睛要随时注意直线终点。直线较长时，应分段画出，如图 3 – 26 所示。

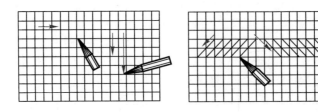

图 3 - 26 徒手画直线

二、圆和圆弧的画法

先用相互垂直的两段细点画线确定圆心。若画小圆可先在中心线上定出距离圆心约等于半径的四个点，然后依次画四段圆弧线，每段都转到自己顺手的方位画出，如图 3 - 27a 所示。画较大圆时，可再加画一对或几对相互垂直的直线，则可以多取些点，分段画出，最后擦去不用的线，如图 3 - 27b 所示。

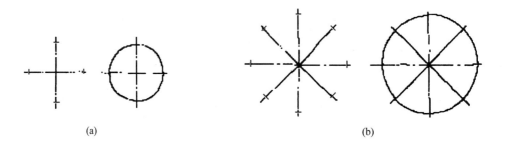

(a)   (b)

图 3 - 27 圆和圆弧的画法

三、椭圆的画法

画椭圆时，先画垂直相交的两条细点画线，作为长、短轴，目测定出椭圆长、短轴上的四个端点，再画出其外切矩形或外切平行四边形，并在对角线上按相同比例取四个点（$E1:10 = 3:7$），最后用四段圆弧徒手连成椭圆，如图 3 - 28 所示。

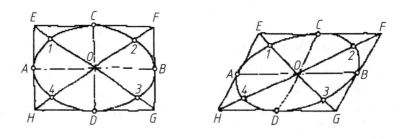

图 3 - 28 椭圆的画法

绘制草图是一项细致的工作，需要多画多练，才能逐渐摸索出适合自己的画图手法。

机械制图国家标准对图幅尺寸、格式、图样的比例、字体、尺寸标注等作了详细的规定。

平面图形的作图方法是绘制图样的基础，包括正多边形、斜度、锥度、圆弧连接等。

绘制工程图样时，必须严格遵守机械制图和技术制图国家标准中的有关规定，正确使用绘图工具和仪器。画平面图形时，要注意分析圆弧线段，分清已知弧、中间弧和连接弧，按顺序画出。并能够正确标注平面图形的尺寸。徒手绘图是技术人员应具备的能力，熟悉绘制草图的方法。

项目 四

组合体视图的绘制与识读

知识目标　(1) 认知组合体的组合形式；
　　　　　(2) 熟知读、画组合体视图的方法——形体分析法；
　　　　　(3) 掌握组合体视图的绘制步骤；
　　　　　(4) 熟悉组合体视图尺寸的类型及标注方法。

能力目标　(1) 根据组合体的组合形式，能利用形体分析法和线面分析法绘制组合
　　　　　　　体视图；
　　　　　(2) 能够完整、正确、清晰地标注组合体视图的尺寸；
　　　　　(3) 正确读懂常见组合体的视图。

任务 1　组合体的组合形式及形体分析法

 任务描述

　　任何物体都可以看成是基本立体堆叠或挖切而成，这种由基本几何体组成的物体称为组合体。组合体的画图、读图和尺寸标注都比较复杂，但是，如果采用正确的分析方法，就可以使复杂问题简单化。形体分析法是画图、读图和尺寸标注最基本、最常用的方法，学习中要熟练掌握形体分析法，理解组合体的组合方式和连接方式。

一、组合体的组合方式

大多数机器零件均可看作是由一些基本形体组合而成的组合体，这些基本体可以是完整的几何形体，如棱柱、棱锥、圆柱、圆锥、圆球等，也可以是不完整的几何体或它们简单的组合体，如图 4-1 所示。

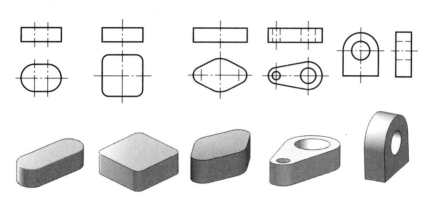

图 4-1　常见的简单组合体

1. 组合体组合形式

组合体的组合形式可分为堆叠和挖切两种形式，而常见的为两种形式之综合。

（1）堆叠　构成组合体的各基本体相互堆积，如图 4-2a 所示。

（2）挖切　从基本形体中切去较小的基本形体，如图 4-2b 所示。

（3）综合　既有堆叠又有挖切，如图 4-2c 所示。

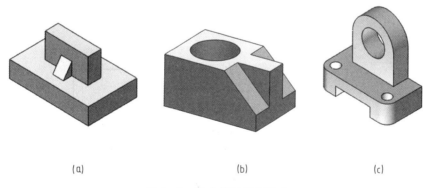

　　　　　　　（a）　　　　　　　　　　　　　　（b）　　　　　　　　　　　（c）

图 4-2　组合体的组合形式

2. 组合体表面间的相对位置关系

（1）平齐与不平齐

① 两基本体表面不平齐，连接处应有线隔开，如图 4-3 所示。

② 两基本体表面间平齐，连接处不应有线隔开，如图 4-4 所示。

（2）相交

① 截交　截交处画出截交线，如图 4-5 所示。

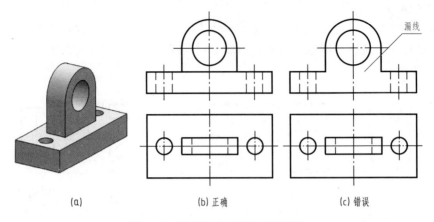

(a)   (b) 正确   (c) 错误

图 4 - 3   形体间表面不平齐的画法

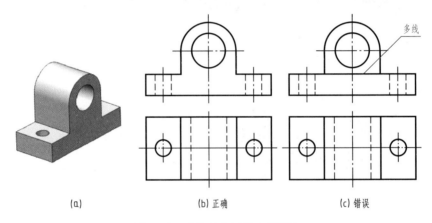

(a)   (b) 正确   (c) 错误

图 4 - 4   形体间表面平齐的画法

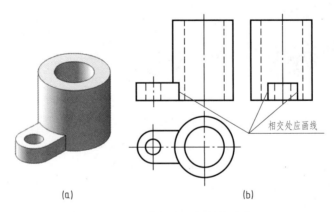

(a)   (b)

图 4 - 5   形体间表面相交的画法

② 相贯   相贯处应画出相贯线。前面已介绍,不再赘述,但相贯线在不影响真实感的情况下,允许简化。可用圆弧或直线代替非圆曲线,如图 4 - 6 所示。用圆弧代替相贯线,适合于两圆柱轴线垂直相交的情况,它是以大圆柱的半径 R 为半径,以两圆柱转向轮廓线的交点为

圆心画弧，交小圆柱轴线于点 O，再以 O 为圆心、R 为半径画弧。应注意当小圆柱与大圆柱相贯时，相贯线向着大圆柱弯曲。

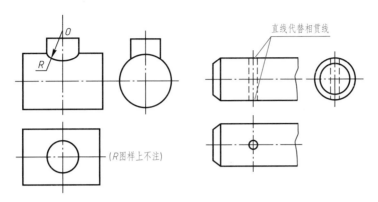

图 4 - 6 相贯线的简化画法

③ 相切 当两基本体表面相切时，其相切处是圆滑过渡，不应画线，如图 4 - 7 所示，图中底板前端平面与圆弧面相切，其平面上的棱线末端应画至切点为止。切点位置由投影关系确定，相切处无线。

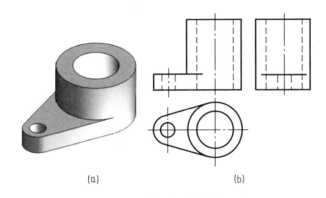

(a)   (b)

图 4 - 7 形体间表面相切的画法

二、形体分析法和线面分析法

假想将组合体分解为若干个基本体，并分析这些基本体的形状、组合形式和相对位置，便可产生对整个物体形状的完整概念，这种方法称为形体分析法，在画图、读图、标注尺寸的过程中常常要运用形体分析法。

对比较复杂的组合体常常在运用形体分析法的基础上，对不易表达或读懂的局部，还要结合线面的投影分析。分析物体的表面形状、物体上面与面的相对位置、物体表面交线等，来表达或读懂这些局部的形状，这种方法称为线面分析法。

形体分析法是画图、读图以及对三视图尺寸标注最基本的方法之一，在对组合体进行形体分析时，根据实际形状分解为比较简单的形体即可。如图 4 - 8 所示的组合体，可以分解成 Ⅰ、Ⅱ、Ⅲ 三个组成部分。

第 Ⅰ 部分：根据三视图线框的形状可判断这一部分是长方体形状的底板，底板四角为圆

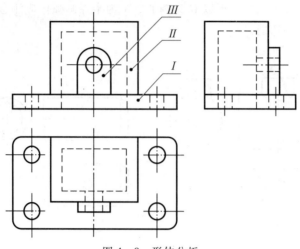

图 4 - 8　形体分析

角，并有四个等直径的圆孔，底板上的矩形孔与第 II 部分相通，如图 4 - 9a 所示。

　　第 II 部分：根据三个视图中外线框（粗实线）的形状，可判断这一部分是四棱柱，从内线框（细虚线）的形状，可判断内表面是与外表面相似的空腔，但空腔的下方与底板相通，而上方是封闭的。前方的圆孔与第 III 部分相通，如图 4 - 9b 所示。

　　第 III 部分：根据三个视图的线框的形状，可判断这一部分是半圆顶凸台，凸台上的圆孔与第 II 部分的内腔相通，如图 4 - 9c 所示。

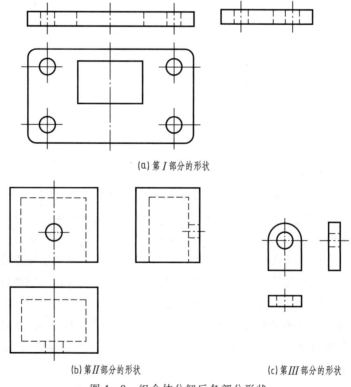

(a) 第 I 部分的形状

(b) 第 II 部分的形状　　　　　　　　　(c) 第 III 部分的形状

图 4 - 9　组合体分解后各部分形状

确定了三个组成部分的形状后，再把各组成部分综合起来，并分析它们的相对位置，即第 II 部分位于底板上左右对称的位置，它的后面与底板的后面对齐，第 III 部分位于底板之上，且在第 II 部分的前边。经过上述分析可以想象出组合体的整体形状，如图 4-10 所示。

从以上看出，采用形体分析法读图，实质是分析三个视图中各组成部分的对应线框，是从"体"的角度出发的。在采用形体分析法的基础上，对视图局部较难看懂的地方，尤其是出现了面与面的交线时，采用线面分析法读图，帮助想象出其形状。

如图 4-11a 所示，首先初步了解各个视图，从图中可以看出该组合体为一长方体被平面切割而成。下面分别分析各部分有关平面及其交线的投影。

如图 4-11b 所示，从主视图上的直线段 p' 对应俯视图的线框 p 和左视图的线框 p''，易判断该平面为正垂面 P；从主视图的线框 s' 和俯视图直线段 s 对应左视图

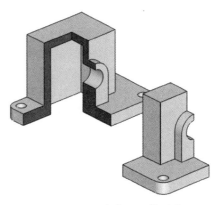

图 4-10　组合体的整体形状

线框 s''，可判断该平面为铅垂面 S。正垂面 P 与铅垂面 S 的交线为 AB，先定出 ab 和 $a'b'$，再求出 $a''b''$，交线 AB 的三个投影均倾斜，故为一般位置直线。

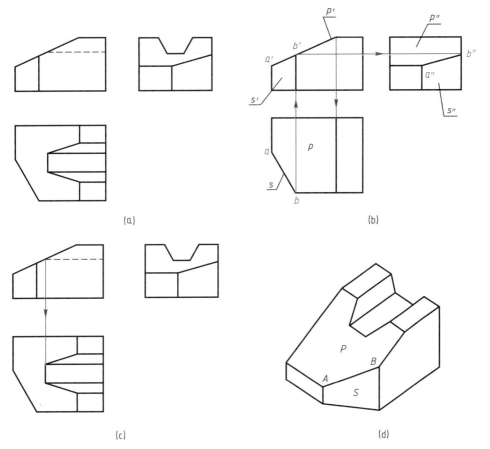

(a)　　　　　　　　　　　　　(b)

(c)　　　　　　　　　　　　　(d)

图 4-11　线面分析法

如图 4-11c 所示，在左视图中 V 形槽的特征明显，可判断 V 形槽的两侧面为侧垂面，其底面为水平面，侧垂面与水平面的交线为侧垂线，V 形槽与正垂面 P 交线的求法如图中箭头所示。

经过上述分析之后，就可综合起来想象出该组合体的整体形状，如图 4-11d 所示。

特别提示

在绘制和识读组合体视图时常用形体分析法来分析，先在想象中将组合体分解成若干个基本几何体，然后按照相对位置逐个画出基本几何体的视图，综合起来得到组合体的视图。

任务 2   组合体视图的画法

任务描述

画组合体视图时，除了进行形体分析外，还要明确组合形式，了解相邻两形体表面之间的连接关系及分界线的特点，确定合适的画图方法和步骤。

现以图 4-12a 所示的组合体为例，说明绘制组合体视图的方法和步骤。

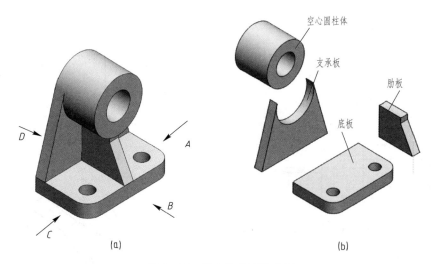

图 4-12   组合体的形体分析

一、形体分析

画组合体视图之前，应对组合体进行形体分析，了解组合体各基本体的形状、组合形式、相对位置以及在某个方向上是否对称，以便对组合体的整体形状有个概念，为画图做准备。

从图 4 – 12b 可以看出，该组合体由四棱柱底板、空心圆柱体、等腰梯形柱的支承板、直角梯形柱和四棱柱叠加的肋板组成。支承板与空心圆柱体外表面相切，叠放在底板上，它与底板后面平齐。肋板叠放在底板上，其上与圆筒外面相结合，后面与支承板紧靠，两侧面与圆柱面相交。整个组合体左右对称。

注意：画图时不要把组合体看成是由各零散的基本体"拼接"而成。实际上，每个零件都是一个不可分割的整体，在组合体的各基本形体之间并不存在接缝。

二、选择主视图

三视图中主视图是最主要的视图，这是由于主视图是反映物体主要形状特征的视图。选择主视图就是确定主视图的投射方向和相对于投影面的放置问题。一般选反映其形状特征最明显、反映形体间相互位置最多的投射方向作为主视图的投射方向；安放位置应反映位置特征，并使其表面相对于投影面尽可能多地处于平行或垂直位置，也可选择其自然位置。主视图的确定，应保证其他视图尽量少出现细虚线。主视图确定了，其他视图也就随之而定。

现将支架按自然位置安放后，对图 4 – 12a 所示的 A、B、C、D 四个方向投射所得的视图进行比较，选出最能反映支架各部分形状特征和相对位置的方向作为主视图的投射方向。如图 4 – 13所示，若以 D 向作为主视图的投射方向，则主视图中细虚线较多，显然不如 B 向清楚；A 向和 C 向虽然主视图中出现的细虚线相同，但如以 C 向作主视图，左视图会出现较多的细虚线，不如 A 向好；再对 A 向和 B 向视图作比较，明显看出 B 向更能反映支架各部分的形状特征，因此应以 B 向作为主视图的投射方向。主视图确定后，左视图、俯视图就此而定了。

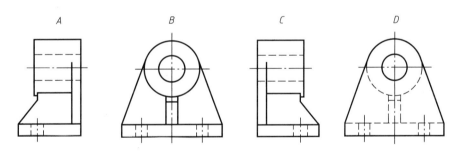

图 4 – 13 分析主视图的投影方向

三、画图步骤

画组合体视图时，首先根据组合体的大小、选择合适的比例定图幅，考虑标注尺寸所需位置匀称地布置视图。必须注意：在逐个画基本体时，可同时画出三个视图，这样既能保证各基本体之间的相对位置和投影关系，又能提高绘图速度；在形状较复杂的局部，如具有相贯线和截交线的地方，宜适当配合线面分析，可以帮助想象和表达，并能减少投影中的疏误。底稿完成后，要仔细检查，修正错误，擦去多余的图线，再按规定线型加深、加粗。画图的具体步骤如图 4 – 14 所示。

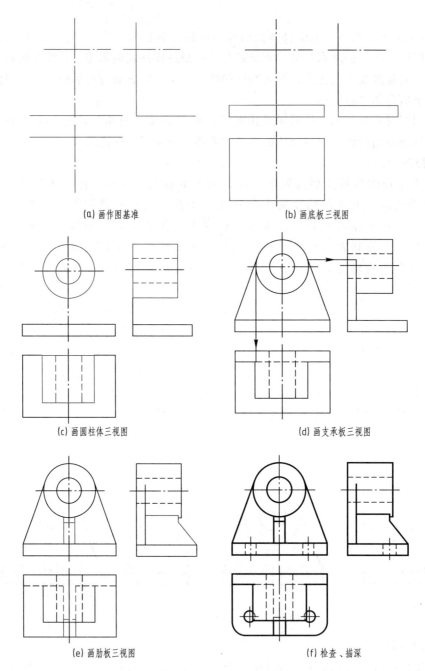

(a) 画作图基准　　　　　　　　　(b) 画底板三视图

(c) 画圆柱体三视图　　　　　　　(d) 画支承板三视图

(e) 画肋板三视图　　　　　　　　(f) 检查、描深

图 4 – 14　组合体画图步骤

【例 4 – 1】　画出如图 4 – 15a 所示组合体的三视图。

（1）形体分析　从图 4 – 15a 可以看出，该组合体由底板、正立板和侧立板等形体组成。四棱柱底板与半圆柱、四棱柱组合的正立板堆叠且后面平齐；它们又与五棱柱的侧立板叠加并在右面平齐；而正立板挖去一个与半圆柱同轴线的圆柱通孔。

（2）选择主视图　从图 4 – 15a 可看出箭头所指方向反映组合体形状特征最明显，同时，也符合自然安放位置，且在其他视图中出现的细虚线最少，而且正立板、底板、侧立板分别与 V、H、W 三个投影面平行。故选箭头所指方向为主视图投射的方向。

（3）作图步骤　作图步骤如图 4 – 15b ~ g 所示。

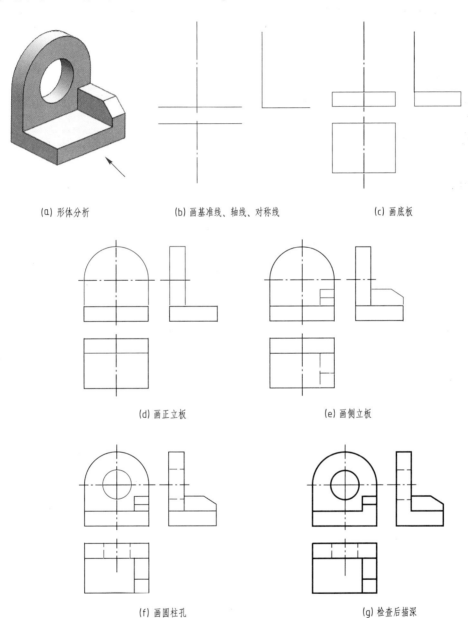

(a) 形体分析　　　　　(b) 画基准线、轴线、对称线　　　　　(c) 画底板

(d) 画正立板　　　　　(e) 画侧立板

(f) 画圆柱孔　　　　　(g) 检查后描深

图 4 – 15　组合体画图举例

【例 4 – 2】　画出图 4 – 16a 所示的切割型组合体的视图。

（1）形体分析　从图 4 – 16a 所示的组合体可知，该组合体由一个长方体切出一个棱柱体后，又在上部切割一个 V 形槽而形成。

特别提示

　　在画图时一定坚持三个视图一起画，先将某一部分的三视图画出，再画其他部分，切莫先画好一个视图再画另外两个视图。

　　（2）选择主视图　选图 4 – 16a 中箭头方向为主视图投射方向。

　　（3）画图步骤

　　① 布置视图　将各视图均匀地布置在图幅内，且考虑标注尺寸的位置，并画出基准线，如图 4 – 16b 所示。

　　② 画底稿　按形体分析逐个画出各部分的投影，先画出未切割前的长方体的三面投影，再画切去的 I、II 两部分，如图 4 – 16c、d、e 所示。画图时一般从立体具有积聚性或反映实形的投影开始，最好是将各视图联系起来一起画，以保证投影正确和提高绘图速度。

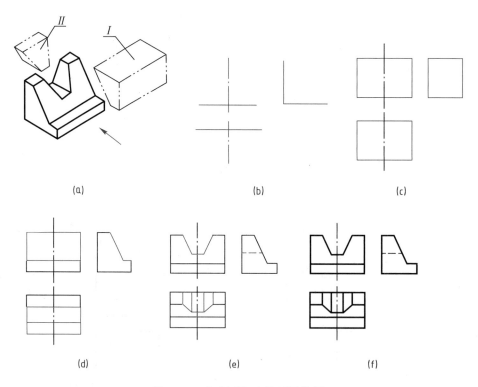

图 4 – 16　切割型组合体画图举例

　　③ 检查　检查底稿有无漏画的图线，改正图中的错误，去掉图中无用的线，可用类似性检查侧垂面的投影是否正确。

　　④ 加粗　将图中应为粗实线的线加深、描粗（细线应一次画成），先加粗圆（圆弧），后加粗直线，且应保证线条的浓淡、粗细一致，各种线条的粗细应符合国家标准（GB/T 4457.4—2002）的规定，如图 4 – 16f 所示。

任务 3 组合体视图尺寸标注方法

任务描述

视图只能表达组合体的形状，而组合体的真实大小要由视图上标注尺寸的数值来确定。生产上都是根据图样上所注的尺寸来进行加工制造的，因此正确地标注尺寸非常重要，掌握在组合体视图上正确、完整、清晰地标注尺寸，为零件图的尺寸标注奠定必要的基础。

一、标注尺寸的要求

必须做到认真、细致。视图中标注尺寸的基本要求是：

（1）正确——尺寸注法要符合国家标准的规定。

（2）完整——尺寸必须注写齐全，既不遗漏，也不重复。

（3）清晰——标注尺寸布置的位置要恰当，尽量注写在最明显的地方，便于读图。

（4）合理——所注尺寸应能符合设计和制造、装配等工艺要求，并使加工、测量、检验方便。

二、基本体的尺寸注法

任何立体都有长、宽、高三个方向的尺寸，将这三个方向的尺寸标注齐全，立体的大小就能确定了，图 4–17 所示为基本体的尺寸标注示例。

值得注意的是，图 4–17 所示的圆柱、圆台和圆环当标注尺寸(φ)之后，不画俯视图也能确定它的形状和大小。圆柱、圆锥底圆直径尺寸加注尺寸符号 φ，一般注在反映圆的非圆视图中，以便看图和画图。球体尺寸在 φ 或 R 前加注 S。正六棱柱的俯视图的正六边形的对边尺寸和对角尺寸只需标注一个，如都注上，须将其中的一个作为参考尺寸用括号括起来。特例：在正六边形螺母视图中，同时注出对角距尺寸及对边距扳手开口尺寸。

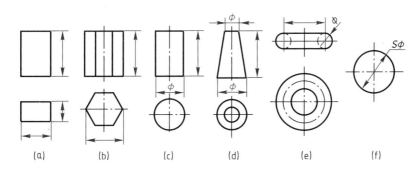

图 4–17 基本体的尺寸标注

三、切割体和相贯体的尺寸注法

标注被平面截切后的立体尺寸时，除了注出基本立体的定形尺寸外，还应注出确定截平面位置的定位尺寸,如图4-18所示。

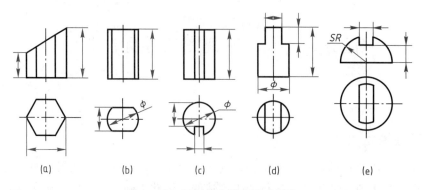

图4-18   切割基本体的尺寸标注

立体被投影面的平行面切割,应加注一个定位尺寸;立体被投影面的垂直面切割后,应加注两个定位尺寸;立体被一般位置平面切割,则应加注三个定位尺寸。

对于相贯的立体,应加注各相贯立体之间相对位置的定位尺寸。这些尺寸注全后截交线、相贯线就随之确定了。因此截交线、相贯线上一律不标注尺寸。

对于不完整的圆柱面、球面一般大于一半者标注直径尺寸,尺寸数字前加ϕ;等于或小于一半者标注半径尺寸,尺寸数字前加R,半径尺寸必须注在反映圆弧实际形状的视图上,如图4-18e所示。

尺寸不能标注在被平面截切的截交线上和两立体相交的相贯线上,正确的注法应是标注截平面的位置尺寸,如图4-19a所示主视图中的10、8。图4-19b所示左视图中的尺寸20是错误的标注。

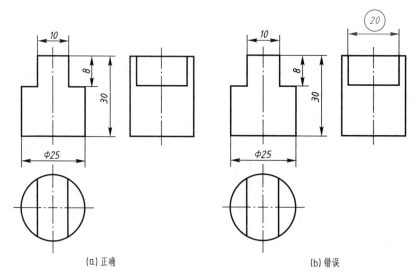

图4-19   截切体的尺寸标注正误对比

又如图4-20a所示的两圆柱体轴线垂直相交,图中尺寸20、10是以轴线为基准确定两圆柱的位置的,而图b中的尺寸10、5则是错误的,$R10$标注相贯线尺寸更是严重错误。

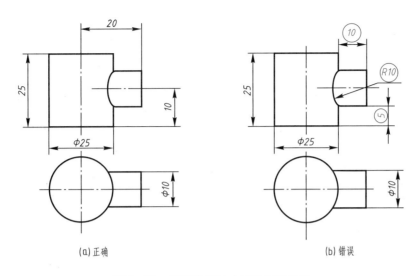

(a)正确　　　　　　　　　　　　(b)错误

图 4 - 20　相贯体的尺寸标注正误对比

四、组合体的尺寸注法

组合体尽管形体各异，但都可以看成是由一些基本体组成的，因此，在标注组合体尺寸时，可用形体分析法标注定形尺寸和定位尺寸。

1. 尺寸种类

（1）定形尺寸　确定各基本形体的形状、大小的尺寸称为定形尺寸，如图 4 - 21a 所示。

（2）定位尺寸　确定各基本形体间相对位置的尺寸称为定位尺寸，如图 4 - 21b 所示。

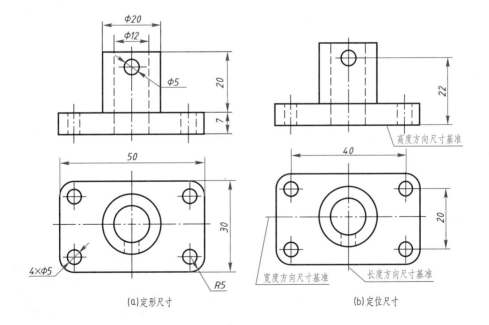

(a)定形尺寸　　　　　　　　　　(b)定位尺寸

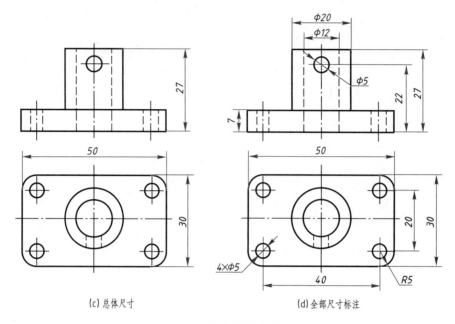

(c) 总体尺寸　　　　　　　　(d) 全部尺寸标注

图 4 - 21　组合体尺寸的标注

在标注定位尺寸时，首先要确定标注尺寸的起点——尺寸基准。每一组合体共有长、宽、高三个方向的尺寸基准，如图 4 - 21b 中以通过圆柱体轴线的侧平面作为长度方向的基准，按左右对称标注底板上的小圆柱孔轴线在长度方向上的定位尺寸 40；以过圆柱体轴线的正平面作为宽度方向的基准，按前后对称标注底板上的小圆柱孔在宽度方向的定位尺寸 20；以底板的底面为高度方向的尺寸基准，标注空心圆柱体前面小圆柱孔的轴线在高度方向上的定位尺寸 22。

这里需要指出，在实际的生产过程中，由于加工、安装等方面的要求，定位尺寸并非一个方向只能有一个，多余的基准称为辅助基准，在零件图中讲述。

（3）总体尺寸　表示组合体总长、总宽、总高的尺寸称为总体尺寸，如图 4 - 21c 所示，组合体总长为 50、总宽为 30、总高为 27。这里须注意组合体的定形、定位尺寸已标注完整，再加上总体尺寸，有时会出现尺寸的重复，必须进行调整。如图 4 - 21c 主视图中高度方向的尺寸，如果标出总高尺寸 27，就必须去掉定形尺寸 20。调整后，标注出组合体的全部尺寸，如图 4 - 21d 所示。

当组合体底板的端部是与底板上的圆柱孔同轴线的圆柱面时，习惯上常常注出圆柱孔轴线的定位尺寸和外端面圆柱面的半径 R，而不再标注总长尺寸，如图 4 - 22 所示。

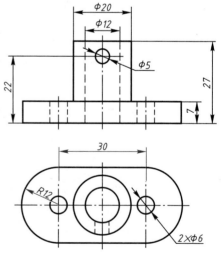

图 4 - 22　不必标出总体长度尺寸示例

特别提示

定形尺寸、定位尺寸、总体尺寸的分类不是绝对的，有时一个尺寸可能是定形尺寸，同时也可能是定位尺寸或总体尺寸。

2. 尺寸标注的步骤和方法

以图 4 − 23 所示的轴承座为例说明标注组合体尺寸的步骤和方法。

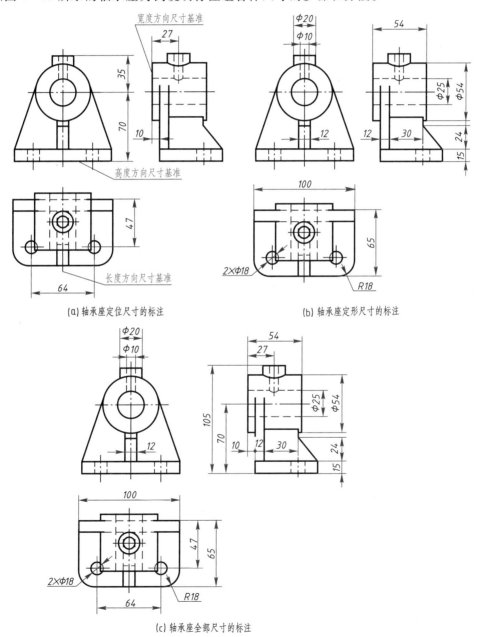

(a) 轴承座定位尺寸的标注

(b) 轴承座定形尺寸的标注

(c) 轴承座全部尺寸的标注

图 4 − 23   轴承座的尺寸标注

（1）形体分析　按形体分析法，分清底板、支承板、肋板、圆筒轴承、凸台这五部分的形状及相对位置。

（2）选定尺寸基准　组合体的长、宽、高三个方向的尺寸基准，常采用组合体的底面、端面、对称面和主要的回转体的轴线。对轴承座来说选下底面为高度方向的尺寸基准；由于轴承座左右对称，选对称面为长度方向的尺寸基准；宽度方向的基准选轴承的后端面较为合理。

（3）标注定位尺寸和定形尺寸　按组合体的长、宽、高三个方向从基准出发依次标注各基本体的定位尺寸，如底板左右两个圆柱孔的轴线在宽度方向为47，在长度方向上的定位尺寸为64，在高度方向为0。圆筒轴承轴线在长度和宽度方向为0，在高度方向为70。凸台孔轴线在宽度方向上的定位尺寸为27，在长度方向上为0。底板和支承板后端平齐，它们在宽度方向上的定位尺寸为10，在长度方向的定位尺寸为0。肋板在宽度方向上的定位尺寸为(10 + 12)，在长度方向上的定位尺寸为0，在高度方向上的定位尺寸为15（即底板的厚度），如图 4 - 23a 所示。

在标注完定位尺寸之后，依次注全各基本形体的定形尺寸。如底板应注出五个定形尺寸65、100、15、R18、2 × φ18；支承板的定形尺寸有12、(100)和(φ54)；肋板应标出24、30、12、(53)、R27 五个定形尺寸；圆筒轴承应标出四个定形尺寸 φ54、φ25、(φ10)、54；凸台应标注三个定形尺寸 φ10、φ20、(R27)，如图 4 - 23b 所示。

（4）进行尺寸调整、标注总体尺寸　因为定位尺寸、定形尺寸和总体尺寸有兼作情况，因而为避免尺寸的重复标注，就必须进行尺寸的调整，并标注总体尺寸。如底板的长度尺寸为100 兼作整个组合体的总长度尺寸，同时也是下部的长度尺寸，只能标注一次，不能重复。支承板斜面上部与圆筒轴承外圆柱面相切，尺寸自然而定，不需要再注尺寸，凸台高度方向的定位尺寸为70 + 35，在标注总高尺寸105 时已包括，必须注出轴承高度尺寸70，而不注尺寸35。

调整后的总体尺寸：总长100，总宽65 + 10，总高105，如图 4 - 23c 所示。全部尺寸注完后应再仔细检查以免遗漏。

任务 4　组合体视图的识读

任务描述

读组合体视图是今后阅读专业图的基础。读图是根据视图想象物体形状的过程，它是画图的逆过程。读图的方法是形体分析法和线面分析法，以形体分析法为主，根据视图的图形特点，将其分成几个部分，以某一投影为基础，按投影关系找出其他视图上相应的部分，进而确定其形状；当图形较复杂时，运用线面分析法帮助读图。要求掌握读图的要领，顺利读懂中等难度的组合体视图。

一、读组合体视图的基本要领

1. 将各个视图联系起来识读

在工程图样中,组合体的形状是通过几个视图来表达的,每个视图只能反映机件一个方面的形状,因而,仅由一个或两个视图往往不一定能唯一地表达某一组合体的形状。

图 4 - 24 中的五组视图,它们的主视图均相同。如果仅看一个视图就不能确定组合体的空间形状和各部分间的相对位置,必须同俯视图联系起来看,才能明确组合体各部分的形状和相对位置。由组合体的主视图了解各部分间的上下、左右相对位置,从俯视图上可了解各部分之间前后、左右的相对位置。

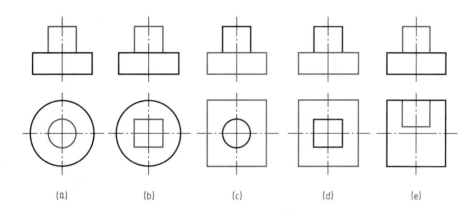

图 4 - 24 主、俯视图联系起来读图

又如图 4 - 25 所示的五组视图,它们主、俯视图均相同,但也表示了五种不同形状的物体。

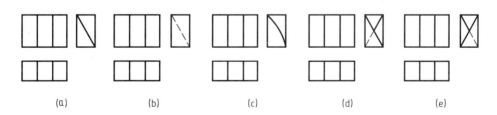

图 4 - 25 三个视图联系起来读图

由此可见,在读图时必须把所给出的几个视图联系起来读,才能准确地想象出物体的形状。

2. 善于抓住视图中形状与位置特征进行分析

读图时,必须抓住反映形状特征和位置特征的视图。如图 4 - 24 所示的视图,其俯视图最能反映物体形状特征,只要与主视图联系起来看,就可想象出物体的形状。又如

图 4-26a 所示，看主、俯视图物体上的 I 与 II 两部分哪个凸起，哪个凹进无法确定。而左视图明显地反映了位置特征，只要把主、左两个视图联系起来看，就可判定是如图 4-26b 所示的图形之一。

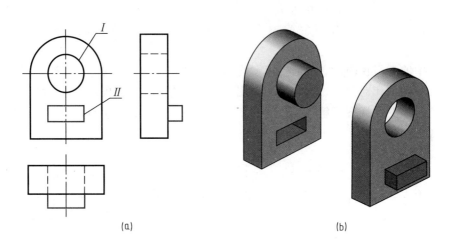

(a)   (b)

图 4-26　由反映位置特征的视图读图

3. 应明确视图中线框和图线的含义

视图中每个封闭线框，通常都是物体一个表面(包括平面和曲面)或孔的投影。视图中的每一条图线则可能是平面或曲面的积聚投影，也可能是线的投影。因此，必须将几个视图联系起来对照分析，才能明确视图中线框和图线所表示的意义。

如图 4-27 所示，主视图中下部中间的封闭框 $a'(b')$ 对应于俯视图 a、b 两条直线，即表示为前后两个平行的正平面。而 c' 和 c 表示铅垂线 C，即两平面交线。主视图上部粗实线所围成的线框 d' 与俯视图 d 相对应，即表示圆柱面 D。同理，主视图 f' 和俯视图 f 表示组合体上圆柱形通孔 F 的投影。主视图图线 h'，对应俯视图中的大圆线框的最左点 h，因而 h' 是圆柱面的正面投影转向轮廓线 H 的投影。

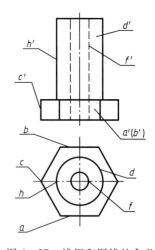

图 4-27　线框和图线的含义

二、读图的基本方法

1. 形体分析法

读图的基本方法与画图一样，主要也是运用形体分析法。在读图时，根据组合体各个视图的特点，将视图分成若干部分，即按投影特性逐个找出各个基本体在其他视图的投影，确定各基本体的形状以及各基本体之间的相对位置，最后想象出组合体的整体形状。

【例 4-3】　如图 4-28a 所示，由组合体的主视图、俯视图想象出整体形状，并补画左视图。

(1) 分线框、对投影　将主视图与俯视图对应，按照投影规律找出基本体的投影对应关系，想象出该组合体分为两部分，I 为空心半圆柱体、II 为立板。

　　（2）识形体、定位置　根据每一部分的视图，先看大体，后看细节，逐个想象出基本体的形状和它们之间的相互位置。

　　（3）综合起来想象出整体形状　想象出的整体形状如图 4 - 28c 所示，并绘制出左视图。作图步骤如图 4 - 28b 所示。

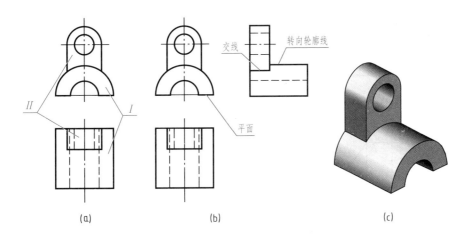

(a)　　　　　　　　(b)　　　　　　　　(c)

图 4 - 28　形体分析法读组合体视图

特别提示

　　读图一般先读主要部分，后读次要部分；先读容易确定的部分，后读难以确定的部分；先读整体，后读细节。

　　【例 4 - 4】　读图 4 - 29a 所示的组合体三视图。

　　（1）分线框、对投影　从主视图入手，按照三视图的投影规律，把视图中的线框分为三个部分，如图 4 - 29b 所示。

　　（2）识形体、定位置　根据每一部分的视图想象出形状，并确定它们之间的相对位置，如图 4 - 29b、c、d、e 所示。

　　（3）综合起来想象出整体形状　从视图中可以看出，形体 II、III 在形体 I 的上方，左右对称，三个形体后面平齐，如图 4 - 29f 所示。在读图过程中把想象出的组合体和给定的三视图逐个形体、逐个视图地对照检查。

　　2. 线面分析法

　　在读图时，对比较复杂的组合体不易读懂的部分，在采用形体分析法的基础上，还可使用线面分析法来帮助想象和读懂这些局部的形状。线面分析法是把组合体分为若干个面，逐个根据面的投影特点确定其空间形状和相对位置，从而想象出组合体的形状。

　　【例 4 - 5】　看懂图 4 - 30a 所示组合体压块的主、俯、左三视图。

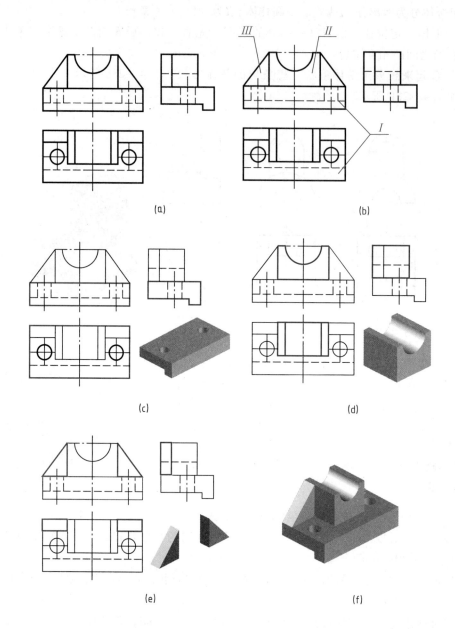

(a)   (b)   (c)   (d)   (e)   (f)

图 4 – 29   读组合体视图

（1）分线框、识面形

从图 4 – 30a 压块的三视图可知，它是由一块四棱柱体切割而成的，且前后对称。主视图左上方的缺角是用正垂面截切的；左方前后对称的缺角是分别用两个铅垂面对称截切的；前后下方的缺块是分别用正平面和水平面截切的。

从某一视图上划分线框，根据投影规律，从另两个视图上找出对应的线框或图线从而得出所表示的面的空间形状和相对位置。

　　由图 4 – 30b 所示的俯视图的线框 p 及主视图的斜线 p'，可知它是一梯形正垂面，其左视图 p'' 与俯视图的线框为类似形。

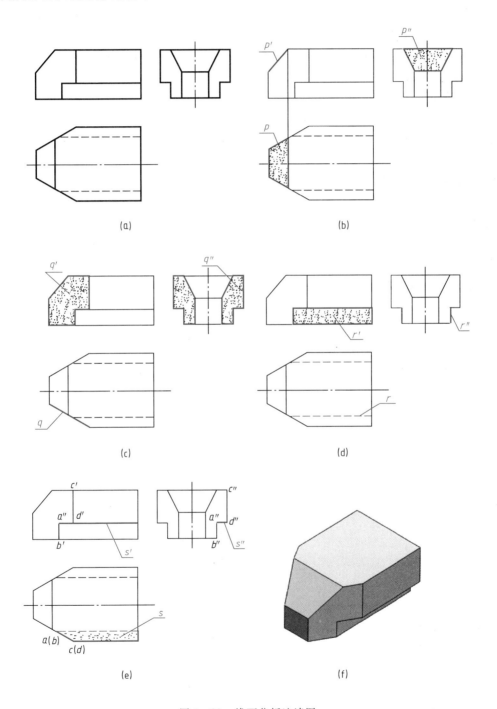

图 4 – 30　线面分析法读图

由图 4 - 30c 所示的主视图的线框 q' 及俯视图的斜线 q，可知它是一多边形铅垂面，其左视图 q'' 为主视图的类似形。

由图 4 - 30d 所示的主视图的线框 r' 及左视图的直线 r''，可知它是矩形正平面，其俯视图 r 为一条直线段，但这里是细虚线。

由图 4 - 30e 所示的俯视图的线框 s 和主视图、左视图各为一特殊位置直线 s'、s'' 的对应关系，可知 S 为水平面。

（2）识交线、想整体形状

如图 4 - 30e 所示，以 AB、AD、CD 三条直线为例，直线 AB 是铅垂面 Q 和正平面 R 的交线，必是铅垂线；直线 AD 是铅垂面 Q 和水平面 S 的交线，必定是水平线；直线 CD 也是铅垂线。

将线面的分析综合起来便可以想象出压块的整体形状，如图 4 - 30f 所示。

综上所述可以看出，形体分析法多用于堆叠和挖切型的组合体，线面分析法多用于挖切型的组合体。

读图时，通常将形体分析法与线面分析法相配合，当组合体形状较复杂时，可用形体分析法部分识别组合体，而各形状和细节则需用线面分析法才能分析清楚。即"形体分析看大概"、"线面分析看细节"。

特别提示

对于切割体，主要采用线面分析法进行读图。读图时先分线框、定位置，再综合起来想整体。一定要以立体的原形为基础，以视图为依据。

思考

三视图中有两个视图的外形轮廓为矩形，该立体为什么形体？若为三角形，该立体又是什么形体？

小结

1. 画组合体视图的方法和步骤

（1）形体分析法，将组合体分解为简单形体。

（2）正确、合理地选择主视图，一般选择最能体现组合体形状特征的方向作为主视图的投影方向。

2. 读组合体视图的方法

（1）形体分析法，先用线框把组合体分解为简单形体，逐个想出它们的形状，再按相对位置进行组合，从而想象出组合体的整体形状。对难点则要用线面分析法进行分析。

（2）读图过程中注意：要将不完整形体的视图用恢复原形法完整起来想象。抓住特征视图，将几个视图联系起来读图。熟悉视图中线框和线的含义。

对组合体的尺寸标注要正确、合理、清晰、完整，基本形体的尺寸应集中标注在特征视图上。

形体分析法是画图、读图和标注尺寸的必要手段，一定要熟练掌握。

项目 **五**

机件图样的绘制

知识目标 （1）认知视图、剖视图、断面图的概念、类型及用途；
（2）掌握视图、剖视图、断面图的绘制和阅读；
（3）熟悉规定画法和简化画法的表达形式。

能力目标 （1）根据机件的结构特点，能合理运用视图、剖视图、断面图清楚表达形体，并正确标注；
（2）能根据机件结构特点，正确选用规定画法和简化画法；
（3）对工程中常用构件，能够综合各种表达方法，清晰完整地绘制出工程图样。

任务 1 机件外部形状的视图绘制

 任务描述

机件是机器、部件和零件的总称。在生产实践中，机件的结构形状多种多样，如果还用三视图来表达，很难做到准确、清晰和完整。为此，国家标准中规定了用正投影法绘制视图，主要用来表达机件的外部结构形状，一般仅画出可见部分，必要时用虚线画出不可见部分。学习过程中，理解并掌握基本视图、向视图、局部视图、斜视图的概念、画法；了解各种表示法的应用。

一、基本视图

物体在基本投影面上的投影，称为基本视图。当机件的上下、左右、前后形状各不相同时，在三视图中会出现较多的虚线，再加上内部结构的虚线，使图形很不清晰，不易读懂。为此，国家标准规定采用正六面体作为基本投影面，即在原有的正立面、水平面、右侧面以外增加了前立面、顶面和左侧立面，共六个投影面。将机件置于正六面体内，分别向六个投影面投影，相应得到六个视图，主视图、俯视图、左视图、右视图（由右向左投影）、后视图（由后向前投影）、仰视图（由下向上投影），六个投影面的展开方法仍然是正立面保持不动，其余各投影面按图 5 - 1a 中箭头所指方向，旋转到与正面在同一平面内。因此，六个基本视图的配置（GB/T 17451—1998）如图 5 - 1b 所示。

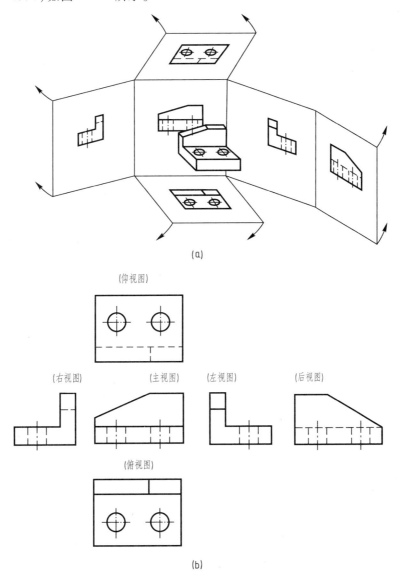

图 5 - 1　六个基本视图

在绘制机件的图样时，应根据机件的复杂程度，选用其中必要的几个基本视图，选择的原则是：

（1）选择表示机件信息量最多的那个视图作为主视图，通常是机件的工作位置或加工位置或安放位置。

（2）在机件表示明确的前提下，使视图的数量为最少。

（3）尽量避免使用细虚线表达机件的轮廓。

（4）避免不必要的重复表达。

图5-2所示是一个阀体的视图和轴测图。采用了四个视图，并在主视图中用细虚线画出了显示阀体的内腔结构以及各个孔的不可见投影，由于将这四个视图对照起来阅读，已能清晰完整地表达出阀体各部分的结构和形状，因此，在其他三个视图中的不可见投影都应省略，不再画出细虚线。

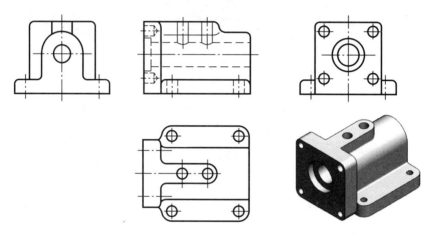

图5-2 阀体的视图和轴测图

特别提示

➤ 六个基本视图仍要满足"长对正、高平齐、宽相等"的投影规律，即主、后、俯、仰视图"长对正"；主、后、左、右视图"高平齐"；俯、仰、左、右视图"宽相等"。

➤ 实际中，应根据机件的复杂程度，选择其中的几个视图完整、清晰地表达机件的结构形状即可。

二、向视图

向视图是可以自由配置的视图。根据需要允许从以下两种表达方式中选择一种。

（1）在向视图上标注"×"（"×"为大写拉丁字母），在相应视图的附近用箭头指明投射方向，并标注相同的字母，如图5-3a所示。

（2）在向视图的下方（或上方）标注图名。标注图名的各视图位置，应根据需要和可能按相应的规则布置，如图5-3b所示。

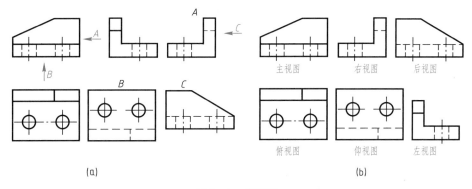

图 5-3 向视图

特别提示

向视图是移位配置的基本视图。

三、局部视图

将机件的某一部分向基本投影面投射所得的视图，称为局部视图。在采用了适当数量的基本视图之后，机件上还留有一些局部的结构未表达清楚，为了简化作图，避免重复，可将该部分结构单独向基本投影面投射，并用细波浪线与其他部分断开，画成不完整的基本视图，如图 5-4 所示。它可能是某一基本视图的一部分，也可能是机件的某一部分。

一般在局部视图上方标出视图名称"×"，在相应的视图附近用箭头指明投射方向，并注上同样的字母，如图 5-4 中的 A。当局部视图按基本视图配置形式配置时，可省略标注，如图 5-4 中的左视图，也可按向视图的配置形式配置并标注。

当所表示的局部结构是完整的，且轮廓线又成封闭时，细波浪线可省略不画。用细波浪线作为断裂边界线时，细波浪线不应超过机件的轮廓线，应画在机件的实体上，不可画在机件中的空白处。

有时为了节省时间和图幅，对称结构零件的视图可画一半或四分之一，并在对称中心线的两端画出两条与其垂直的平行细实线，如图 5-5a、b 所示。

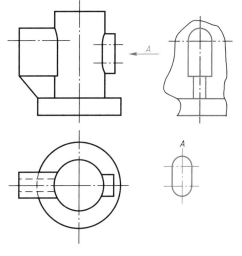

图 5-4 局部视图

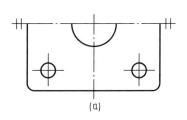

(a)

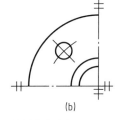

(b)

图 5-5 画成一半或四分之一的局部视图

四、斜视图

图 5 -6a 所示机件，右边倾斜部分的上下表面均为正垂面，它对其他投影面是倾斜结构，其投影不反映实形。为了表达倾斜部分的实形，可设置一个与倾斜部分平行的投影面，再将该结构向新投射面投射得到其实形，如图 5 -6b 所示。这种将机件向不平行于任何基本投射面的平面投射所得的视图，称为斜视图。

画斜视图时，一般按投影关系配置，即箭头所指的方向，必要时也可配置在其他适当的位置，在不致引起误解时，允许将斜视图旋转配置，如图 5 -6c 所示。用旋转符号"⌒"表示，该图名称的大写字母靠近旋转符号的箭头端，也允许将旋转角度标注在字母之后，角度值是实际旋转角大小，箭头的方向为旋转方向。旋转符号的尺寸和比例如图5 -7所示。

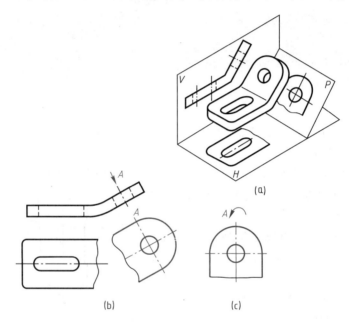

图 5 -6　斜视图

根据 GB/T 14751—1998 规定，在斜视图的上方标出视图名称"×"，在相应的视图附近用箭头指明投射方向，并注上同样的字母。不论图形和箭头如何倾斜，图样中的字母总是水平书写。

斜视图应表达实形，与其他部分用细波浪线断开。细波浪线的画法如图 5 -8 所示。

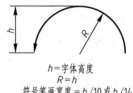

h = 字体高度
R = h
符号笔画宽度 = h/10 或 h/14
图 5 -7　旋转符号

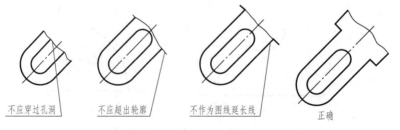

不应穿过孔洞　　不应超出轮廓　　不作为图线延长线　　正确

图 5 -8　波浪线的画法

任务 2　机件内部形状的视图绘制

任务描述

对于内部结构复杂的机件，画出的视图会出现较多的虚线，使图形不够清晰，也不便于标注尺寸。为了清楚表达机件的内部结构，国家标准规定用剖视图来表达机件上不可见的内部结构。画图时理解并掌握剖视图的形成和规定画法；了解各种剖视图的应用。

一、剖视图的基本概念

当机件的内部形状比较复杂时，在视图中就会出现许多细虚线，视图中的各种图线纵横交错在一起，造成层次不清，影响视图的清晰，且不便于绘图、标注尺寸和读图。为了解决机件内部形状的表达问题，减少细虚线，国家标准规定采用假想切开机件的方法将内部结构由不可见变为可见，从而将细虚线变为粗实线。

假想用剖切面从适当的位置剖开机件，将处在观察者和剖切面之间的部分移去，而将其余部分向投影面投射所得到的图形，称为剖视图，如图 5 - 9 所示。

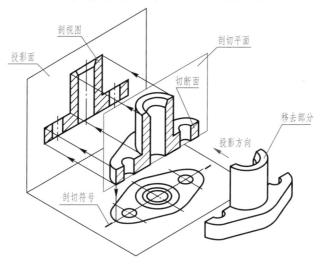

图 5 - 9　剖视图的概念

注意：剖视图是一种假想的表达手法，机件并不被真正切开，因此除剖视图外，机件的其他视图仍然完整画出。

1. 剖切面位置

一般采用平行于投影面的平面剖切，剖切位置选择要得当。首先应通过内部结构的轴线或对称平面以剖出它的实形；其次应在可能的情况下使剖切面通过尽量多的内部结构，图 5 - 9 中，一个正平面通过三个孔的轴线。

2. 剖面符号

在剖视图中，剖切面与机件的接触部分称为剖面区域，为了区分空、实，国家标准规定在切断面上要画出剖面符号。不同的材料用不同的剖面符号表示，剖面符号的规定见表 5 - 1。

表 5 - 1　材料的剖面符号

材料名称		剖面符号	材料名称	剖面符号
金属材料(已有规定剖面符号者除外)			木质胶合板(不分层数)	
线圈绕阻元件			基础周围的泥土	
转子、电枢、变压器和电抗器等的迭钢片			混凝土	
非金属材料(已有规定剖面符号者除外)			钢筋混凝土	
型砂、填砂、粉末冶金、砂轮、陶瓷刀片、硬质合金刀片等			砖	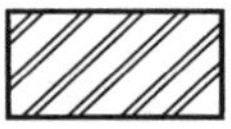
玻璃及供观察用的其他透明材料			格网(筛网、过滤网等)	
木材	纵剖面		液体	
	横剖面			

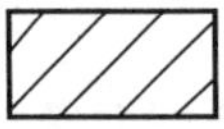

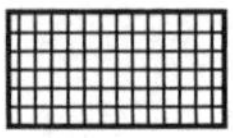

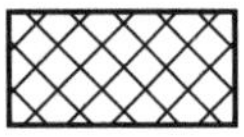

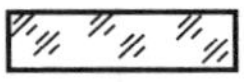

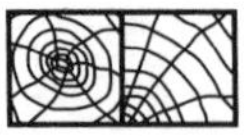

特别提示

➢ 机器中大量使用的是金属材料，其剖面符号是间距均匀的平行细实线，称为剖面线，又称为通用剖面线。国家标准技术制图中规定，当不需要在剖面区域中表示材料的类别时，可采用通用剖面线来表示。

➢ 剖面线应与机件主要轮廓线或剖面区域的对称中心线成 45°。

3. 剖切符号

剖切符号是指示剖切面起、迄和转折位置(用粗短线表示，GB/T 17450)及投射方向(用箭头或粗短画表示)的符号。在剖切面起、迄和转折处标注与剖视图名称相同的字母，如图 5-10 所示。剖切符号尽可能不要与图形的轮廓线相交。

二、画剖视图的方法

画剖视图的方法有两种：

① 先画出机件的视图，再进行剖切。

② 先画出剖切后的断面形状，再补画断面后的可见轮廓线。

以图 5-9 所示压盖为例说明画剖视图的方法步骤：

(1) 完整画出机件视图。因压盖结构简单，有主、俯视图即可表达清楚，如图 5-10a 所示。

(2) 选择适当的位置。因三个内孔的轴线处在一个平面内，则应让剖切平面通过这个平面，且用剖切符号标出剖切位置，即在俯视图两端标注 A 的粗短线，如图 5-10b 所示。

(3) 从剖切平面的左端或右端开始，依次画出剖切面与机体内、外基本形体的交线。孔的转向轮廓线由细虚线变为粗实线。按规定金属机件在断面上应画出与水平方向成 45° 的剖面线，且同一个零件在不同的剖视图中的剖面线方向应相同，间隔相等，如图 5-10b 主视图所示。

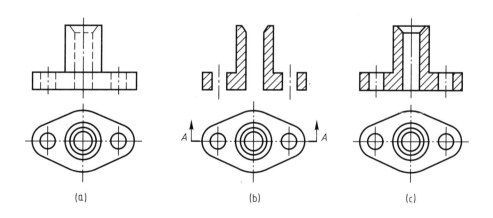

图 5-10 剖视图的画法

（4）补画切断面后的可见轮廓线、底板左右两端孔的上下轮廓线、中间孔的上下轮廓线和圆台圆柱的交线。检查无误后加深粗实线，如图5-10c所示。

三、剖视图的标注

一般应在剖视图的上方中间标出剖视图的名称"×—×"。在剖切面积聚为直线的视图上标注相同字母，用剖切符号表示剖切位置。剖切符号线宽为$(1\sim1.5)d$、长为$5\sim10mm$的粗实线。剖切符号尽量不与图形的轮廓线相交或重合，在剖切符号外侧画出与剖切符号相垂直的细实线和箭头表示投射方向，如图5-10所示。

剖视图省略标注有以下两种情况：

① 当剖视图按投影关系配置，中间又没有其他图形隔开时，可省略箭头。

② 当单一剖切平面通过机件的对称平面或者基本对称平面且符合上述条件时，可全部省略。

四、剖视图的种类及其应用

国家标准规定剖视图分为全剖视图、半剖视图和局部剖视图。

1. 全剖视图

用剖切面完全地剖开机件所得的剖视图。如图5-10中的主视图为全剖视图。当机件的内部结构较复杂、外形较为简单时，常采用全剖视图表达机件内部结构形状。

【例5-1】 将主视图画成全剖视图，如图5-11a所示。

作图

过俯视图、左视图的对称中心面将机件剖开，机件的槽和孔均能剖到，主视图的细虚线改画为粗实线，如图5-11b所示。

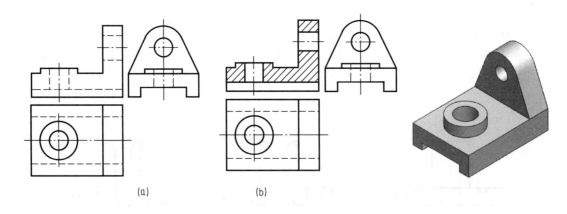

(a)　(b)

图5-11　全剖视图画法

2. 半剖视图

当机件具有对称平面时，在与对称平面垂直的投影面上的图形，可以以对称中心线即细点画线为界，一半画成剖视图表达内形，另一半画成视图表达外形，从而达到在一个图形上同时表达内外结构的目的。

半剖视图适用于两种情况：

① 在与机件的对称平面相垂直的投影图上，如果机件的内外形状都需要表达，则可以以图形的对称中心线为界线画成半剖视，如图5-12所示的主视图和俯视图。

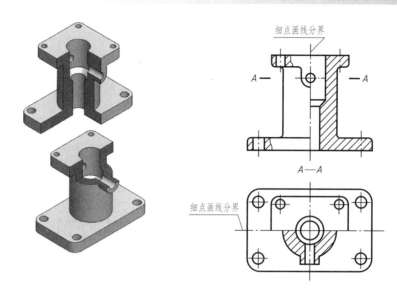

图 5 - 12　支座的半剖视图

② 当机件的结构接近于对称，而且不对称的部分另有图形表达清楚时，也可画成半剖视图，如图 5 - 13 所示的带轮。

半剖视图并没有用垂直于投影面的平面剖切，因而视图和剖视图的分界线只能是细点画线，而不能画成粗实线。标注方法与全剖视图相同，如图 5 - 12 所示。习惯上人们往往将左右对称图形的右半边画成剖视图，而前后对称的图形则剖开前半部分。

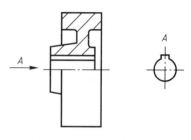

图 5 - 13　带轮的半剖视图

半剖视图中，机件的内部形状已在半个剖视图中表达清楚，因此在半个视图中不必画细虚线。

思考

图 5 - 12 中若将主视图画为视图，应如何表达？

特别提示

➤ 半个视图与半个剖视图的分界线为细点画线。
➤ 在半个剖视图中已表达清楚的内部结构，在半个视图中一般不再画出虚线。

3. 局部剖视图

用剖切平面局部地剖开机件所得的剖视图称为局部剖视图，如图 5 - 14 所示。

局部剖视图不受图形是否对称的限制，在何部位剖切，剖切面有多大，均可根据实际机件的结构选择，是一种比较灵活的表达方法，运用得当可使图形简明清晰。

局部剖视图适用于三种情况：

① 机件上有局部内形需要表达，如图 5 - 14 所示。

② 机件的内外结构均需表达，但不具有与剖切平面相垂直的对称平面，不能采用半剖视图，这时如果内外结构不相互重叠，则可以将一部分画成剖视图表达内形，另一部分画成视图表达外形，如图 5 - 14 所示。

③ 当图形的对称中心线或对称平面与轮廓线重合时，要同时表达内外结构形状，又不宜采用半剖视图，这时可采用局部剖视图，其原则是保留轮廓线，如图 5 - 15 所示。

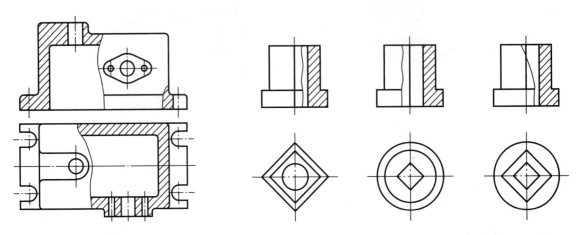

图 5 - 14　局部剖视图　　　　　图 5 - 15　机件棱线与对称线重合局部剖视图的画法

注意：① 当被剖结构为回转体时允许将该结构的中心线作为局部剖视图与视图的分界线。② 单一剖切平面的剖切位置明显时，局部剖视图的标注可省略，如图 5 - 14、图 5 - 15 所示。

特别提示

➢ 在一个视图中，局部剖切的次数不宜过多，以免影响图形的清晰度。

➢ 局部剖视图中视图与剖视图的分界线是波浪线，波浪线的画法如图 5 - 8 所示。

五、剖切面种类

由于机件内部结构形状多种多样，仅用一个与基本投影面平行的平面剖切是不够的，为此，国家标准规定了多种剖切方法。

1. 单一剖切面剖切

（1）单一剖切面

用一个平面剖切机件，也可用一柱面剖切机件的方法称为单一剖切。采用柱面剖切机件时，剖视图应按展开绘制。一般常用平行于基本投影面的单一剖切平面剖切（平面剖）。前面讲述的全剖视图、半剖视图和局部剖视图多是用单一剖切平面剖切得到的剖视图。

（2）单一斜剖切面

用不平行于任何基本投影面，但却垂直于一个基本投影面的剖切平面剖开机件的方法称为斜剖，如图 5 - 16 所示。它适用机件上的倾斜结构有内形需剖开表达的情况。

采用斜剖时必须标注，如图 5 - 16 中的 *B—B*。斜剖得到的剖视图最好放在箭头所指的位置与原视图保持直接的投影关系，必要时可移到其他位置，甚至可以将倾斜图形旋转。

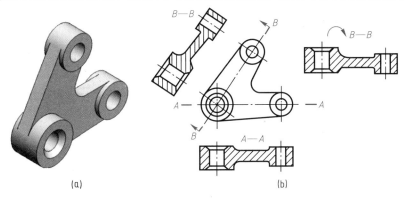

(a)　　　　　　　　　　　　　(b)

图 5 - 16　单一斜剖切面全剖视图

2. 几个相交的剖切平面

用相交的剖切平面(且交线垂直于某一投影面)剖开机件的方法，如图 5 - 17 所示。

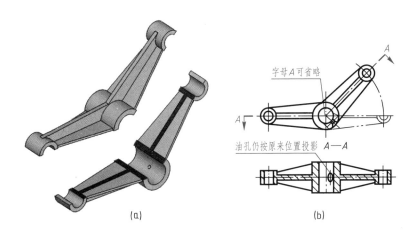

字母 *A* 可省略

油孔仍按原来位置投影 *A—A*

(a)　　　　　　　　　　　　　(b)

图 5 - 17　两个相交的剖切平面剖得的全剖视图(一)

采用这种方法画剖视图时，先假想按剖切位置剖开机件，然后将被剖开的结构及有关部分旋转到与选定的投影面平行后再进行投射。如图 5 - 17 中细双点画线所表示出的部分，但在实际绘图时不画出来。处在剖切平面后的其他结构一般仍按原位置投影，如图中小油孔。

 特别提示

画几个相交剖切平面剖切的视图时，应先旋转，后作图。

当剖切后产生不完整要素时，应将此部分按不剖绘制，如图 5 - 18 所示的臂。

这种剖切方法必须标注，在剖切平面的起讫和转折处应标注相同的字母，如图 5 - 18 所示。在剖切的起讫处应画箭头表示投射方向。

图 5 - 19 所示的剖切方法，实际上也是用几个相交的剖切面剖开机件的方法。

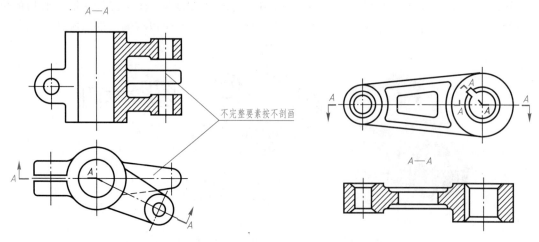

图 5 – 18　两个相交的剖切平面剖得的全剖视图(二)　　图 5 – 19　几个相交的剖切平面剖得的全剖视图

3. 几个平行的剖切平面

如图 5 – 20 所示的机件，其主视图是用了两个相互平行的且平行于基本投影面的剖切平面剖切的，适用于表达外形简单、内形较复杂且难以用单一剖切平面剖切表达的机件。这种剖切方法必须标注，它的各剖切平面相互连接而不重叠，其转折符号成直角且应对齐，如图 5 – 20 所示。当转折处位置有限又不会误解时可省略字母。剖切是假想的，在剖视图中不得画出各剖切面的分界线，像是用同一个平面剖出的剖视图。

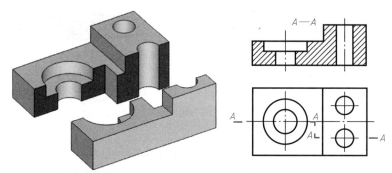

图 5 – 20　两个平行的剖切平面剖得的全剖视图

在画用几个平行的剖切平面剖切的剖视图时，图形内不应出现不完整的要素。仅当两个要素在图形上具有公共对称中心线或轴线时，可以各画一半，此时应以对称中心线或轴线为界，如图 5 – 21 所示。

应该明确的是剖视图的种类是根据机件需要表达内部结构，还是外部形状，或者是内外形都需要表达，然后观察是否具有对称结构。而剖切方法则是根据机件的内部结构的分布情况选择的。因此，不论采用何种剖切方法都可以根据表达的需要画成全剖视图、半剖视图或局部剖视图。

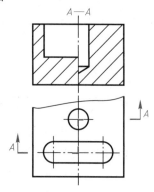

图 5 – 21　各画一半的剖视图

任务 3　机件断面形状的视图绘制

任务描述

断面图常用来表达机件上肋板、轮辐和轴类零件的槽、孔等断面形状。画图时要搞清楚断面图与剖视图的区别；掌握断面图的种类、画法和标注；了解断面图的应用。

一、基本概念

断面图是用来表达机件某一局部断面形状的图形。

假想用剖切平面将机件的某处切断，仅画出切断面的图形，称为断面图，简称断面，如图 5-22 所示。

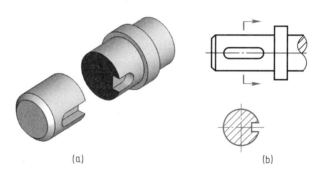

(a)　　　　　　　　　(b)

图 5-22　断面图的概念

断面图与剖视图的区别在于断面图只画断面的形状，而剖视图则是将切断面与切断面后的可见轮廓一齐向投影面投射。

二、断面图的种类

根据 GB/T 4458.6—2002 规定，断面图分为移出断面和重合断面两种。

1. 移出断面

如图 5-22 所示，画在视图外的断面图称为移出断面。移出断面的轮廓线用粗实线绘制。

（1）移出断面的画法及配置原则

① 移出断面通常配置在剖切线的延长线上，如图 5-22 所示。

② 移出断面的图形对称时也可画在视图的中断处，如图 5-23 所示。

③ 必要时移出断面图可配置在其他适当位置，如图 5-24 所示。

④ 由两个或多个相交的剖切平面剖切得出的移出断

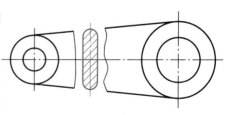

图 5-23　对称移出断面的画法

面图，中间一般应断开，如图 5-25 所示。

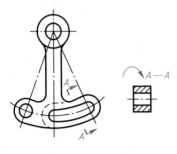
图 5-24　断面旋转

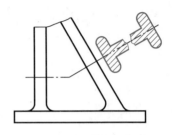
图 5-25　两断面中间断开

⑤ 当剖切平面通过回转而形成的孔或凹坑的轴线时，则这些结构按剖视图绘制，如图 5-26 所示。

（2）移出断面的标注

① 移出断面一般用剖切符号表示剖切位置，用箭头表示投射方向，并注上字母。在断面图的上方用同样的字母标出相应的名称"×—×"。经过旋转后的断面图应加注"⌒"符号，如图 5-24 所示。

② 配置在剖切符号延长线上的不对称移出断面不必标注字母，如图 5-22b 所示。

③ 不配置在剖切符号延长线上的对称移出断面，以及按投影关系配置的移出断面，一般不必标注箭头，如图 5-26 所示。

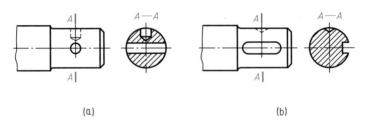
（a）　　　　　　　　　（b）
图 5-26　移出断面中孔和凹坑的画法

特别提示

当剖切平面通过非圆孔时，会导致出现完全分离的剖面区域，这些结构应按剖视图要求画出，如图 5-24 所示。

2. 重合断面

在不影响图形清晰条件下，断面图也可按投影关系画在视图内。画在视图内的断面图称为重合断面。重合断面可理解为将断面形状绕剖切平面的迹线旋转 90°后，再放在视图之内。

重合断面的轮廓线用细实线绘制。当视图中的轮廓线与重合断面的图形重叠时，视图中的轮廓线仍应连续画出，不可间断，如图 5-27 所示。

因重合断面的位置固定而配置在剖切符号上的不对称重合断面，不必标注字母，如图 5-27

所示。对称的重合断面也不必标注，如图 5－28 所示。

断面图一般用来表达孔、槽、轮辐、肋板等结构。

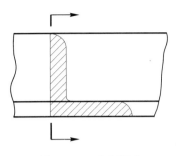

图 5－27　重合断面

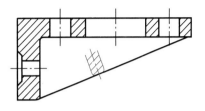

图 5－28　肋板的重合断面

特别提示

重合断面图的比例应与基本视图一致。

思考

➤ 断面图与剖视图有何区别与联系？

➤ 移出断面和重合断面的主要区别是什么？

任务 4　局部放大图和简化画法的表达及应用

任务描述

工程上为了完整、准确、清晰地表达机件上的细小结构，常采用局部放大图。国家标准还对某些交线和投影、相同结构、较小结构的简化做了规定，力求使画图简便。在画图过程中，要掌握局部放大图的画法、标注；了解常用简化画法的应用。

一、局部放大图

当机件上的某一细小结构表达不清楚或难于标注尺寸时，可以将机件的部分结构用大于原图形所采用的比例画出，此图形称为局部放大图。局部放大图可画成视图、剖视图、断面图，它与被放大部分的原表达方式无关。局部放大图应放置在被放大部分的附近，如图 5－29 所示。

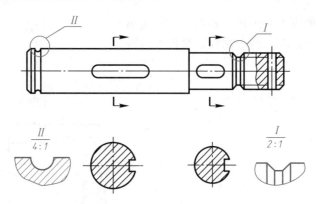

图 5 – 29 局部放大图

绘制局部放大图时，应用细实线圈出被放大部位，当同一机件上有几个被放大部分时，必须用罗马数字依次标出被放大的部位，并在局部放大图的上方标注相应的罗马数字和所采用的比例，用细横线上下分开标出，如图 5 – 29 所示。当机件上只有一处放大时，局部放大图只须注明所作的比例。同一机件上不同部位局部放大图相同或对称时，只需画出一个，如图 5 – 30 所示。

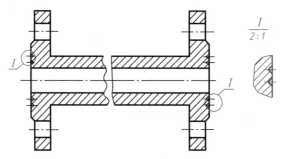

图 5 – 30 局部放大图相同的画法

特别提示

局部放大图的比例是图形中机件要素的线性尺寸与实际机件相应要素的线性尺寸之比，而不是与原图形所采用的比例之比。

二、简化画法（GB/T 16675.1—2012）

为了使制图简便，下面介绍国家标准规定的一部分简化画法。

1. 视图、剖视图、断面图中的简化画法

（1）对于机件的肋、轮辐及薄壁等，如按纵向剖切，这些结构都不画剖面符号，而用粗实线将它与其邻接部分分开，如图 5 – 31 所示。

当机件回转体上均匀分布的肋、轮辐、孔等结构不处于剖切平面上时，可将这些结构旋转到剖切平面上画出，并且不必标注，如图 5 – 32 所示。

（2）圆柱形法兰和类似机件上均匀分布的孔，可按图 5 – 33 所示（由机件外向该法兰端面方向投射）绘制。

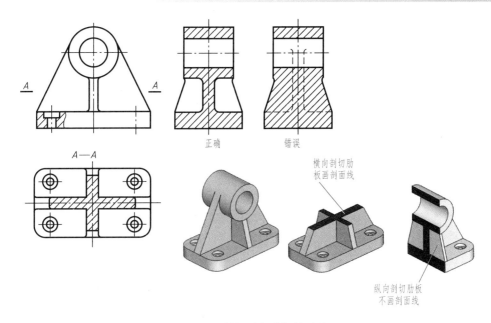

图 5 - 31   剖视图中肋板的画法

（3）在不引起误解时过渡线、相贯线允许简化，如用圆或直线代替非圆曲线，如图5 - 33
所示。

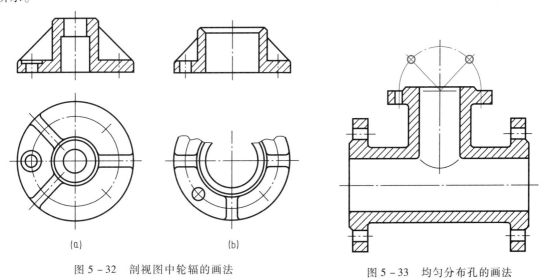

图 5 - 32   剖视图中轮辐的画法

图 5 - 33   均匀分布孔的画法

（4）当图形不能充分表达平面时，可用两条相交的细实线所画的平面符号表示，如图5 - 34
所示。

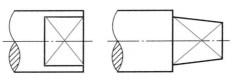

图 5 - 34   小平面的画法

（5）机件上对称结构的局部视图，可按图 5 - 35 的方法表示。

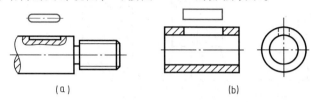

（a） （b）

图 5 - 35 对称结构局部视图的画法

2. 对相同结构和小结构的简化

（1）当机件具有若干相同结构（如齿槽）并按一定规律分布时，只需画出几个完整的结构，其余用细实线连接，但必须在图中注出该结构的总数，如图 5 - 36a 所示。

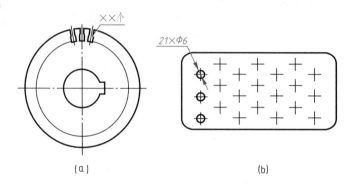

（a） （b）

图 5 - 36 相同要素的简化画法

（2）直径相同且成规律分布的孔（螺孔、沉孔等），可仅画出一个或几个，其余的只需用细点画线表示其中心位置，且应注明孔的总数，如图 5 - 36b 所示。

（3）机件上的较小结构，如在一个图形中已表示清楚时，其他图形可省略或简化。如图 5 - 37 中的小圆锥孔，它在主视图上的投影只画了两个圆，在俯视图上小圆锥孔与内外圆柱面的相贯线允许简化，用直线代替非圆曲线。

（4）机件上斜度不大的结构，如在一个图形中已表达清楚时，其他图形可按小端画出，如图 5 - 38 所示。

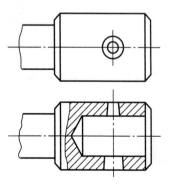

图 5 - 37 小结构的简化

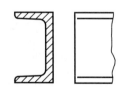

图 5 - 38 小斜度的简化

（5）网状物、编织物或机件上滚花部分，应用细实线完全或部分地表示出来，如图 5 - 39 所示。

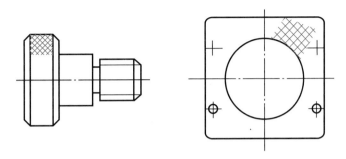

图 5 - 39　网状物、编织物的简化

3. 常用图形的简化画法

（1）较长的机件（轴、杆、型材、连杆等）沿长度方向的形状一致或按一定规律变化时，可断开后缩短绘制，但要标注实际的长度尺寸，如图 5 - 40 所示。

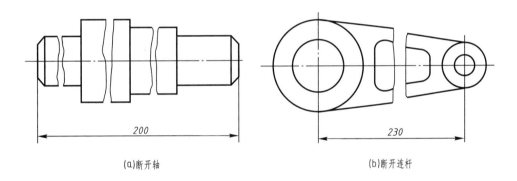

（a）断开轴　　　　　　　　　　（b）断开连杆

图 5 - 40　长机件的断开画法

特别提示

断开画法进行标注时，尺寸应是实际长度。

（2）在不引起误解时，机件图中的小圆角、锐边的小倒圆或 45°小倒角，允许省略不画，但必须注明尺寸或在技术要求中加以说明，如图 5 - 41 所示。

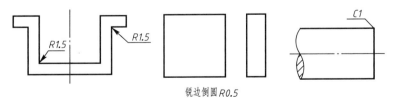

锐边倒圆 R0.5

图 5 - 41　小圆角、小倒角的简化

任务 5　机件图样绘制的综合训练

任务描述

机件的结构形状多种多样，表达方法也各不相同，对于一个具体的机件，无论选择视图、剖视图还是断面图，关键是要对每种表达方法的画法、标注及应用范围要理解和掌握，还要根据物体的结构形状进行具体的分析，选择恰当的表达方法。

在实际的应用中，应当根据机件的不同结构特点，在完整、清晰地表达机件各部分结构形状的前提下，力求制图简便。在确定一个机件的表达方案时，要恰当地选用各种表达方法，对于同一个机件来说可能有几种表达方法，经比较之后，确定较好的方案。

[例 5-2]　选择图 5-42a 所示支架的表达方法。

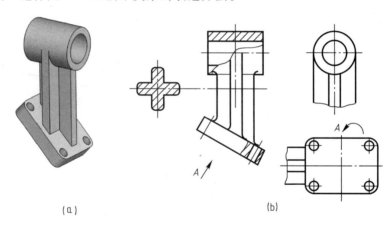

(a)　　　　　　　　　　　(b)

图 5-42　支架的表达方法

由图知支架由三部分组成：上部圆筒、底座和连接上下两部分的十字肋板。为了表达支架的内外结构形状，采用四个视图表达该机件。主视图采用两个局部剖，既表达了圆筒、肋和倾斜底板的外部结构形状与相对位置，又表示了圆柱孔的内部结构和斜底板上的通孔。为了表达清楚上部圆筒和十字肋板的相对位置关系，采用了一个局部视图。用移出断面图表达肋板的断面形状。用 A 向斜视图表示底板的实形和底板上小孔的分布情况。表达方法如图 5-42b 所示。

[例 5-3]　分析图 5-43a 所示的机件(阀体)的表达方法。

图 5-43 列出了两种表达方法，第一种表达方法，主视图采用全剖视，表达了内腔的结构形状；俯视图作了 A—A 半剖视，表达了顶部外形圆盘形状和小孔结构，同时也表达了中间圆柱体与底板的形状和小孔结构；肋板的结构形状采用了重合断面；左视图也为半剖视，表达了凸缘的形状与阀体的内腔形状。第二种方法是在第一种方法的基础上改进的，由于第一种表达

方法的左视图与主视图所表达的内容有不少重复之处，此方法省略了左视图，而用 B 向局部视图表达凸缘的形状；主视图采用了局部剖视图，表达了内腔形状和底板上的小孔。经比较第二种方法更为简明。

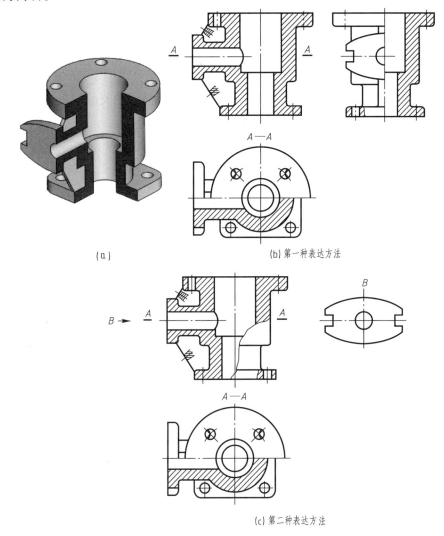

(a)　　　　(b) 第一种表达方法

(c) 第二种表达方法

图 5–43　阀体的表达方法

 小结

视图表达机件的外形，主要表达方法有：

（1）基本视图　表达平行于基本投影面的外形，按规定配置不加标注。

（2）向视图　表达某一方向的视图，在视图上标注"×"或视图的名称。

（3）局部视图　表达平行于基本投影面的局部外形。用带字母的箭头标明投射方向，局部视图上方标相同字母"×"，最好放置在箭头所指的位置。

（4）斜视图　表达倾斜结构的外形，标注和放置同局部视图。

剖视图表达机件的内部形状。剖视的种类有：

（1）全剖视图　适用于内形复杂，又不对称或结构对称，但外形简单的机件。

（2）半剖视图　适用于内、外形都需表达，结构对称或结构基本对称的机件，以细点画线分开，半个画剖视图，半个画视图。

（3）局部剖视图　适用于内、外形都需表达，结构又不对称或结构虽对称但对称面处有轮廓线，可用细波浪线分界，部分画剖视图、部分画视图。

剖切方法有单一平面剖切、几个平行的剖切平面剖切和几个相交的剖切平面剖切。仅当剖切平面与机件对称面重合时可不标注外，其余皆需标注。

断面图表达机件断面形状。断面图的种类有：

（1）移出断面　用于表达局部断面形状，画在视图外。

（2）重合断面　画在视图内的断面图。

视图的其他表达方法均为国家标准 GB/T 4458.1—2002 中所规定的，画图时必须按规定画出。

项目 六

常用零部件和结构要素的识读

知识目标　(1) 了解螺纹要素的种类，掌握螺纹的标记及规定画法；

　　　　　(2) 熟悉常用螺纹紧固件的类型及规定画法；

　　　　　(3) 熟悉常用螺纹连接的类型及连接图的画法；

　　　　　(4) 熟悉销、键的标记和连接图的画法；

　　　　　(5) 熟悉滚动轴承的结构、类型、标记及画法；

　　　　　(6) 认知齿轮及齿轮传动的类型、结构特点及应用，掌握直齿圆柱齿轮及其啮合的画法；

　　　　　(7) 认知弹簧的类型、结构、参数及画法。

能力目标　(1) 熟练绘制螺纹紧固件和各种螺纹连接图，并正确标注；

　　　　　(2) 能按规定绘制销、键的连接和滚动轴承的视图，并正确标注；

　　　　　(3) 熟练绘制直齿圆柱齿轮的工作图及啮合的图；

　　　　　(4) 能正确绘制弹簧的视图。

任务 1　螺纹及螺纹紧固件的画法与标注

　任务描述

　　在日常生活中，随处可见螺纹连接的应用。螺纹紧固件是标准件，由专业生产厂大批量生产，为了适应专业化、大批量生产，提高产品质量，国家标准对其结构、规格、技术要求等都已标准化，规定了特殊表示法。学习时要掌握螺纹结构的规定画法；熟悉螺纹标注的含义；了解螺纹紧固件的种类和用途。

一、螺纹的形成、要素和结构

1. 螺纹的形成

螺纹是在圆柱(锥)表面上，沿着螺旋线所形成的、具有相同剖面的连续凸起和沟槽。实际上可认为是由平面图形绕和它共平面的回转轴线作螺旋运动时的轨迹，如图 6-1a 所示。在圆柱(锥)外表面上所形成的螺纹称外螺纹，如图 6-1b 所示；在圆柱(锥)内表面上所形成的螺纹称内螺纹，如图 6-1c 所示。加工螺纹的方法很多，图 6-2 所示是车削外螺纹的情形。

(a)   (b)   (c)

图 6-1 螺纹的形成及内、外螺纹   图 6-2 车削外螺纹

2. 螺纹的基本要素

(1) 螺纹牙型

在通过螺纹轴线的断面上，螺纹的轮廓形状，称为螺纹牙型。它有三角形、梯形、锯齿形和矩形等，如图 6-3 所示。不同的螺纹牙型有不同的用途。

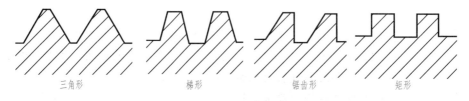

三角形   梯形   锯齿形   矩形

图 6-3 螺纹牙型

(2) 螺纹直径

① 大径(公称直径) 是螺纹的最大直径，即与外螺纹牙顶或内螺纹牙底相重合的假想圆柱面的直径，用 d(外螺纹)或 D(内螺纹)表示，如图 6-4 所示。

② 小径 是螺纹的最小直径，即与外螺纹牙底或内螺纹牙顶相重合的假想圆柱面的直径，称为小径，用 d_1(外螺纹)或 D_1(内螺纹)表示。

③ 中径 在大径与小径圆柱面之间有一假想圆柱，在母线上牙型的沟槽和凸起宽度相等。此假想圆柱称为中径圆柱，其直径称为中径。它是控制螺纹精度的主要参数之一。

(3) 螺纹线数(n)

螺纹有单线(常用)和多线之分，沿一条螺旋线形成的螺纹为单线螺纹；沿轴向等距分布

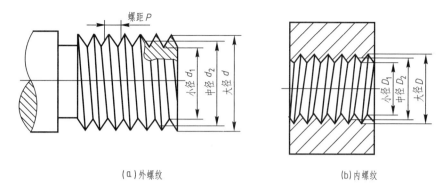

（a）外螺纹   （b）内螺纹

图 6 - 4　螺纹的大径、小径和中径

的两条或两条以上的螺旋线所形成的螺纹为多线螺纹，如图 6 - 5 所示。

（4）螺距(P）和导程(Ph）

相邻两牙在中径线上对应两点间的轴向距离称为螺距，以 P 表示。同一条螺旋线上相邻两牙在中径线上对应两点间的轴向距离称为导程，以 Ph 表示，由图 6 - 5 可知，螺距和导程的关系：单线螺纹　$P = Ph$

多线螺纹　$Ph = nP$

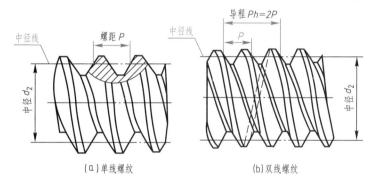

（a）单线螺纹   （b）双线螺纹

图 6 - 5　螺纹的线数

（5）旋向

螺纹分右旋和左旋两种。顺时针旋转时旋入的螺纹称为右旋螺纹，如图 6 - 6b 所示。逆时针旋转时旋入的螺纹称为左旋螺纹，如图 6 - 6a 所示。工程上常用右旋螺纹。

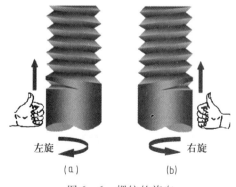

左旋　　　　　右旋

（a）　　　　　（b）

图 6 - 6　螺纹的旋向

只有牙型、直径、螺距、线数和旋向完全相同的内外螺纹，才能相互旋合。

 特别提示

➤ 国家标准对螺纹结构规定了特殊画法，要想理解并正确掌握螺纹结构的画法，必须了解有关螺纹的基本要素。

➤ 螺纹的五个基本要素决定了螺纹的尺寸和规格。五个要素相同的内、外螺纹才能够旋合使用。

二、螺纹的规定画法

机械制图国家标准（GB/T 4459.1—1995）对螺纹画法作了详细的规定。

1. 外螺纹的画法

外螺纹不论其牙型如何，螺纹的牙顶（大径）及螺纹终止线用粗实线表示，螺杆的倒角或倒圆部分也应画出；牙底（小径）用细实线表示。画图时小径尺寸近似地取 $d_1 \approx 0.85d$。在垂直于螺纹轴线投影面上的视图中，表示牙底的细实线圆只画 3/4 圈，此时倒角圆省略不画，如图6-7a所示。画剖视图时螺纹终止线只画一小段粗实线到小径处，剖面线应画到粗实线，如图6-7b所示。

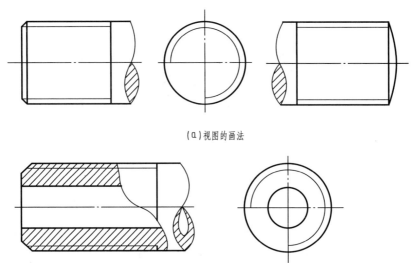

(a) 视图的画法

(b) 剖视图的画法

图 6-7   外螺纹的规定画法

2. 内螺纹的画法

在剖视图中，小径用粗实线表示，大径用细实线表示；在投影为圆的视图上，表示大径圆用细实线只画约 3/4 圈，倒角圆省略不画，螺纹的终止线用粗实线表示，剖面线画到粗实线处。绘制不穿通的螺纹时应将螺纹孔和钻孔深度分别画出，一般钻孔应比螺纹孔深约 4 倍的螺距，钻孔底部的锥角应画成 120°，如图 6-8a 所示。表示不可见螺纹所有图线均画成细虚线，如图 6-8b 所示。

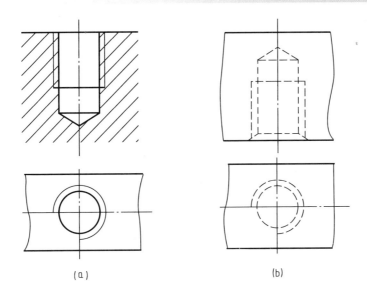

图 6 - 8　内螺纹的画法

3. 内外螺纹连接的画法

以剖视图表示内外螺纹连接时，其旋合部分按外螺纹的画法表示，其余部分仍按各自的规定画法表示。要注意的是要使内外螺纹的大小径对齐，如图 6 - 9a 所示。在剖视图中，剖面线应画到粗实线；当两零件相邻接时，在同一剖视图中，其剖面线的倾斜方向相反或方向一致但间隔距离不同，如图 6 - 9b 所示。

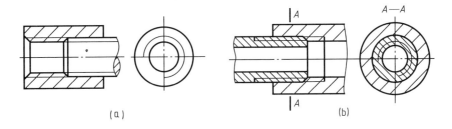

图 6 - 9　内外螺纹连接的画法

　特别提示

　　螺纹结构是零件上常见的标准功能结构要素，国家标准《机械制图　螺纹及螺纹紧固件表示法》（GB/T 4459.1—1995）对螺纹结构规定了特殊画法，以简单易画的图线代替繁琐难画的结构的真实投影，使绘图更加简便和快捷。

三、常用螺纹的分类和标注

1. 螺纹的分类

螺纹按用途分为连接螺纹和传动螺纹两类，前者起连接作用，后者用于传递动力和运动。常用螺纹如下：

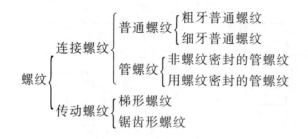

2. 螺纹的标注

螺纹按国家标准的规定画法画出后，图上并未标明牙型、公称直径、螺距、线数和旋向等要素，因此，需要用标注代号或标记的方式来说明。各种常用螺纹的标注方式及示例见表6-1。

表6-1 螺纹的牙型、代号和标注示例

螺纹种类		内外螺纹牙型放大图	特征代号	标注示例	说　明
连接螺纹	粗牙普通螺纹	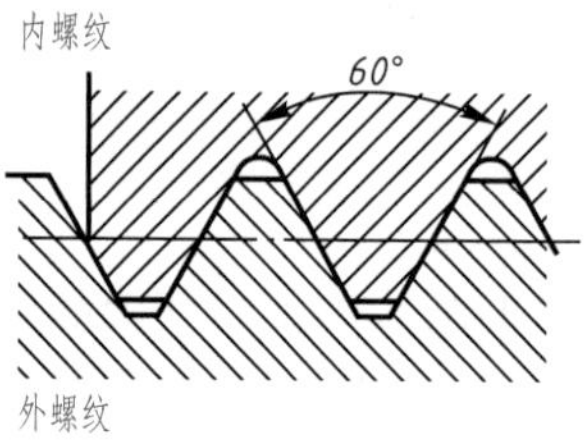 内螺纹 60° 外螺纹	M	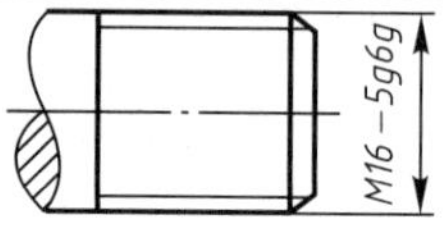 M16-5g6g	粗牙普通螺纹不注螺距
	细牙普通螺纹			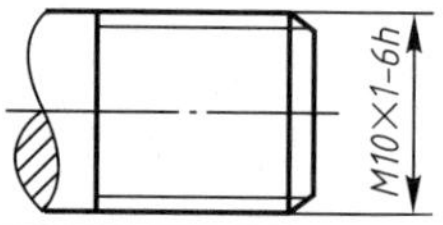 M10×1-6h	牙型与粗牙相同，但同一大径的螺纹比粗牙的螺距小
	非螺纹密封的管螺纹	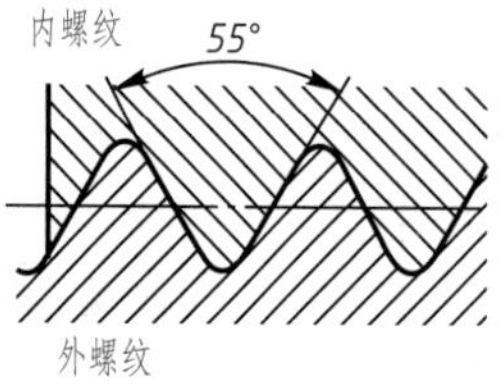 内螺纹 55° 外螺纹	G	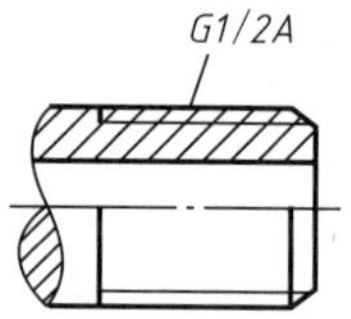 G1/2A	左旋螺纹标注"LH"，右旋不标注
	螺纹密封的管螺纹		Rp R₁ Rc R₂	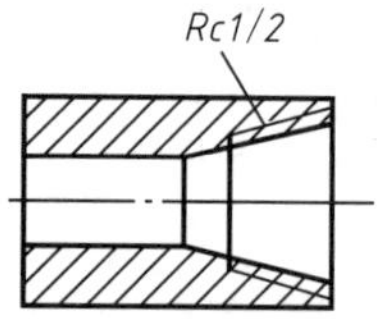 Rc1/2	Rp 圆柱内螺纹，R₁ 圆锥外螺纹，与圆柱内螺纹旋合。Rc 圆锥内螺纹，R₂ 圆锥外螺纹，与圆锥内螺纹旋合。
传动螺纹	梯形螺纹	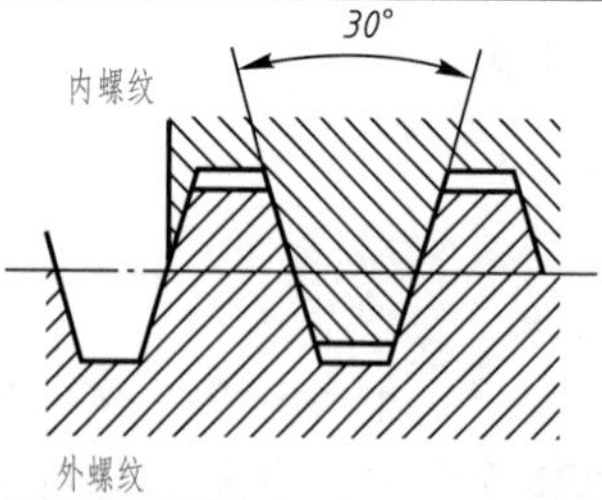 内螺纹 30° 外螺纹	Tr	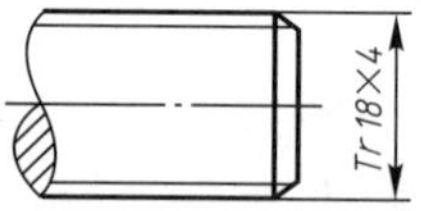 Tr18×4	旋合长度分为 N、L 两组，N 组省略不注
	锯齿形螺纹	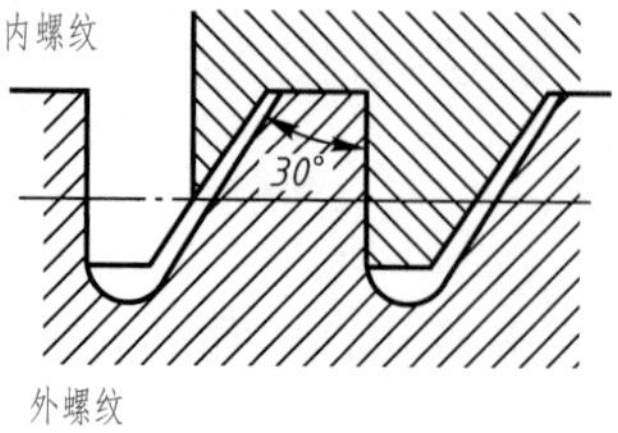 内螺纹 30° 外螺纹	B	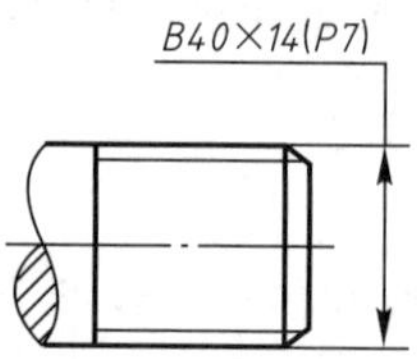 B40×14(P7)	

(1) 普通螺纹

普通螺纹的牙型角为 60°，有粗牙和细牙之分，即在相同的大径下，有几种不同规格的螺距，螺距最大的一种，为粗牙普通螺纹，其余为细牙普通螺纹。

螺纹代号：粗牙普通螺纹代号用牙型符号"M"及"公称直径"表示；细牙普通螺纹的代号用牙型符号"M"及"公称直径×螺距"表示。当螺纹为左旋时，用代号 LH 表示；右旋省略标注。

螺纹标记：

| 特征代号 | 公称直径×螺距 | 旋向 | — | 中径公差带代号 | 顶径公差带代号 | — | 旋合长度代号 |

标注时注意：粗牙螺纹允许不标注螺距。旋合长度是指内外螺纹旋合在一起的有效长度，分为短、中、长三种，分别用代号 S、N、L 表示，相应的长度可根据螺纹公称直径及螺距从标准中查出。当旋合长度为中等时，"N"可省略。

［例 6 - 1］　已知细牙普通螺纹，公称直径为 20 mm，螺距为 2 mm，左旋，中径公差带代号为 5g，顶径公差带代号为 6g，短旋合长度。其标注形式为：

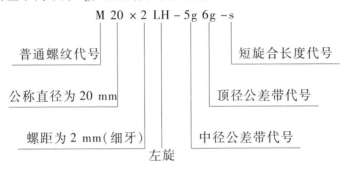

(2) 梯形和锯齿形螺纹

梯形螺纹用来传递双向动力。其牙型角为 30°，不按粗细牙分类；锯齿形螺纹用来传递单向动力。梯形螺纹、锯齿形螺纹只标注中径公差带代号；旋合长度只分为 N、L 两组，当旋合长度为 N 时不标注。

梯形螺纹的标记形式为：

单线格式：

| 特征代号 | 公称直径×螺距 | 旋向 | 中径公差带代号 | 旋合长度 |

多线格式：

| 特征代号 | 公称直径×导程(P 螺距) | 旋向 | 中径公差带代号 | 旋合长度 |

［例 6 - 2］　Tr40×7 - 6H　"Tr"表示梯形螺纹，"40"为公称直径，"7"为螺距，"6H"为中径公差带代号，中旋合长度。

(3) 管螺纹

在水管、油管、煤气管的管道连接中常用管螺纹，管螺纹分为非螺纹密封的内、外管螺纹和用螺纹密封的管螺纹。管螺纹应标注螺纹特征代号和尺寸代号；非螺纹密封的外管螺纹还应标注公差等级。

标记形式为：

| 螺纹代号 | — | 尺寸代号 | — | 公差等级代号 | — | 旋向 |

标注时注意：尺寸代号不是管子的外径，也不是螺纹的大径，而是指管螺纹用于管子孔径英寸的近似值；公差等级代号对外螺纹分 A、B 两级标注，内螺纹不标记；右旋螺纹的旋向不标注，左旋螺纹标注"LH"。

管螺纹在图样上一律标注在引出线上，引出线应由大径或由对称中心处引出。

[例 6 - 3] G $\frac{1}{2}$A "G" 表示非螺纹密封的管

螺纹，"$\frac{1}{2}$"为尺寸代号，"A"为 A 级外螺纹。

（4）非标准螺纹

凡牙型不符合标准的螺纹，称为非标准螺纹。非标准螺纹应画出螺纹的牙型，并标所需要的尺寸及有关要求，如图 6 - 10 所示。

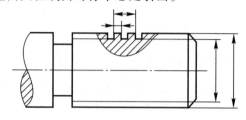

图 6 - 10 非标准螺纹的标注

四、螺纹紧固件及其连接

1. 螺纹紧固件

螺纹紧固件是运用一对内、外螺纹的连接作用来连接紧固一些零部件。常用的螺纹紧固件有螺钉、螺栓、螺柱（亦称双头螺柱）、螺母和垫圈等，见表 6 - 2。根据螺纹紧固件的规定标记，就能在相应的标准中查出有关的尺寸，通常只需用简化画法画出，图 6 - 11 所示为常用螺纹紧固件的简化画法。

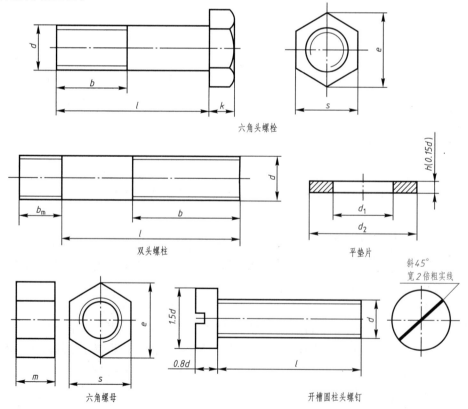

图 6 - 11 常用螺纹紧固件的简化画法

表 6 – 2 常用螺纹紧固件标注示例

名 称	图例及规格尺寸	标 记 示 例
六角头螺栓 A 和 B 级 （GB/T 5782）	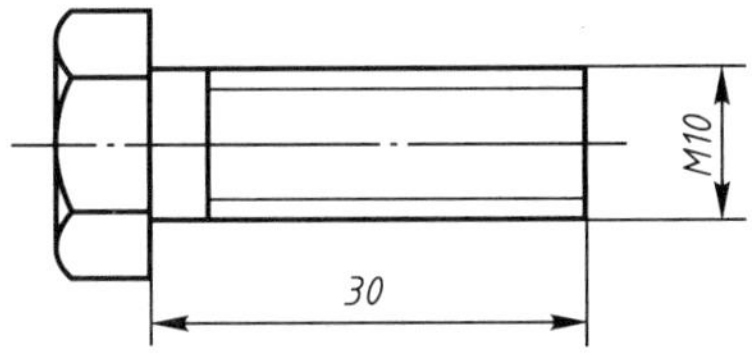 M10 30	螺栓 GB/T 5782 M10×30
双头螺柱 （GB/T 897 GB/T 898 GB/T 899 GB/T 900）	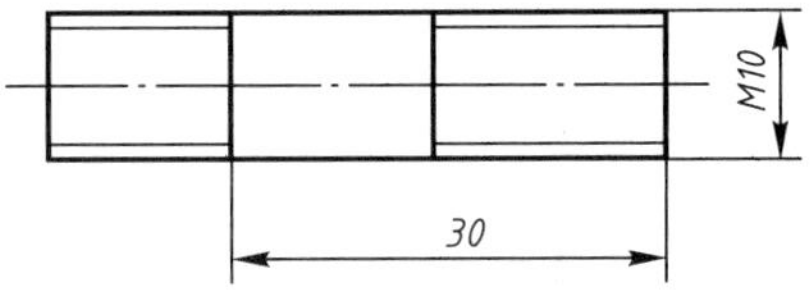 M10 30	螺柱 GB/T 897 M10×30
开槽盘头螺钉 （GB/T 67）	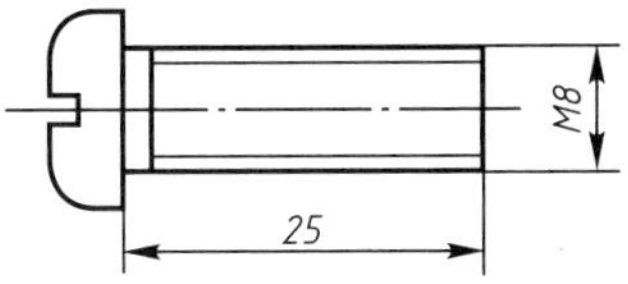 M8 25	螺钉 GB/T 67 M8×25
开槽沉头螺钉 （GB/T 68）	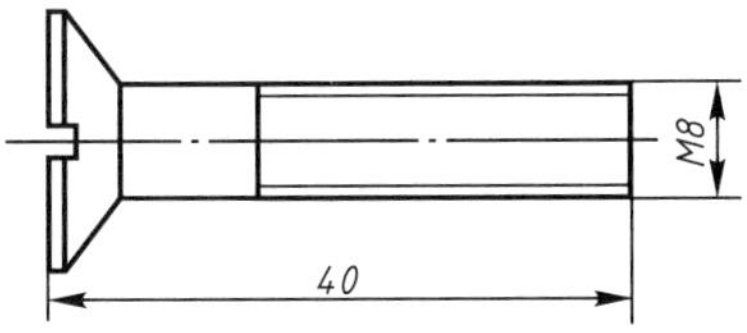 M8 40	螺钉 GB/T 68 M8×40
开槽锥端紧定螺钉 （GB/T 71）	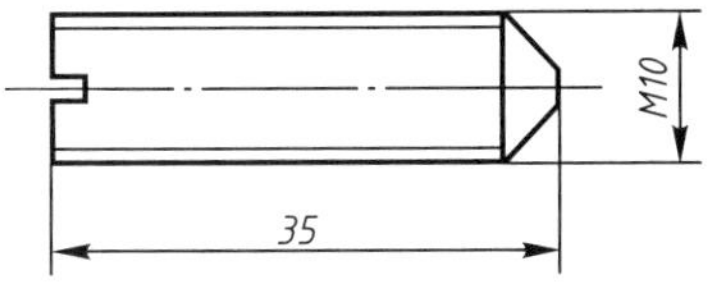 M10 35	螺钉 GB/T 71 M10×35
Ⅰ 型六角螺母 —A 和 B 级 （GB/T 6170）	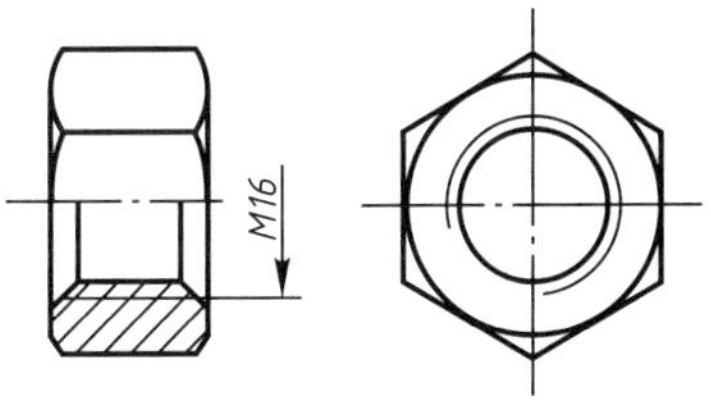 M16	螺母 GB/T 6170 M16
平垫片—A 级 （GB/T 97.1）	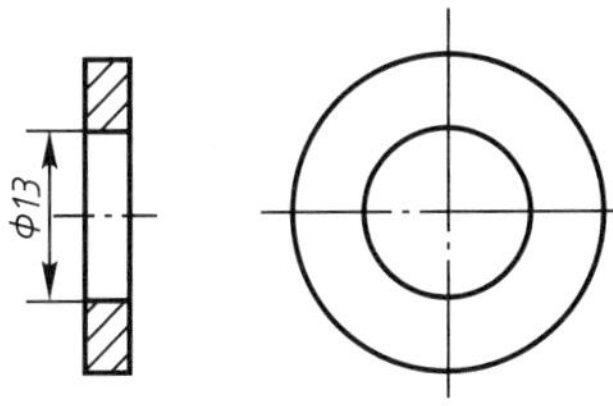 $\phi13$	垫圈 GB/T 97.1 12 – 140HV
弹簧垫片 （GB/T 93）	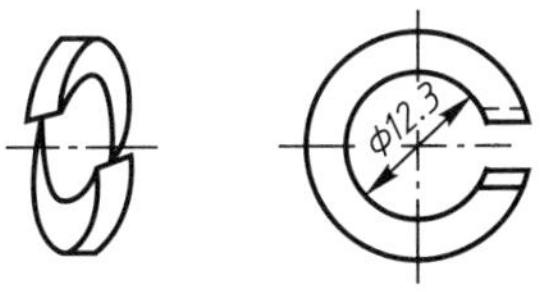 $\phi12.3$	垫圈 GB/T 93 12

紧固件的完整标记由名称、标准编号、型式与尺寸、性能等级或材料热处理等组成，排列顺序为：

| 名称 | 标准编号 | 型式 | 规格、精度 | 型式与尺寸的其他要求 | 材料 | 热处理 | 表面处理 |

标记的简化原则：

① 名称和标准年代号允许省略。

② 当产品标准中只有一种型式、精度、性能等级或材料及热处理、表面处理时，允许省略；当产品标准中规定两种以上型式、精度、性能等级或材料及热处理、表面处理时，可省略其中的一种。

思考

在画好的螺纹图形上能正确标注螺纹标记吗？

2. 螺纹紧固件的连接

螺纹紧固件连接是一种可拆卸的连接，常用的连接形式有螺钉连接、螺栓连接、螺柱连接等。

画图时应遵守三条基本规定：

① 两零件的接触面只画一条线，不接触面必须画两条线。

② 在剖视图中，当剖切平面通过螺纹紧固件的轴线时，这些件都按不剖处理，即只画外形，不画剖面线。

③ 相邻两被连接件的剖面线方向应相反，必要时可以相同，但必须相互错开或间隔不一致；在同一张图上，同一零件的剖面线在各个视图上，其方向和间隔必须一致。

特别提示

在实际中采用螺栓连接、螺柱连接还是螺钉连接，按需要确定，不论采用哪种连接，其画法都应遵守基本规定。

（1）螺栓连接的画法

螺栓用来连接不太厚，而且又允许钻成通孔的零件。在被连接的零件上先加工出通孔，通孔略大于螺栓直径，一般为 $1.1d$。将螺栓插入孔中垫上垫圈，旋紧螺母，图 6-12 为螺栓连接的画法。

画螺栓连接图的已知条件是螺栓的型式规格，螺母、垫圈的标记，被连接件的厚度等。

螺栓的公称长度　　$L \geq \delta_1 + \delta_2 + h(或\ s) + m + a$

式中：

δ_1、δ_2——被连接件厚度（设计给定）；

h、s——垫片厚度（根据标记查表）；

m——螺母厚度（根据标记查表）；

a——螺栓伸出螺母的长度，一般可取 $a = 0.3d$。

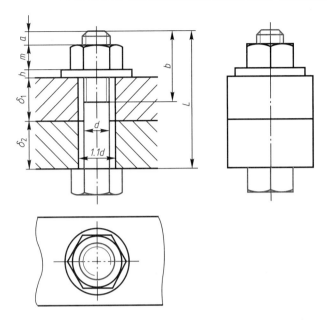

图 6 – 12 螺栓连接的画法

按上式计算出的螺栓长度，还要根据螺栓的标准长度系列，选取标准值。

（2）螺柱连接的画法

当两个连接件中有一个较厚，加工通孔困难或因频繁拆卸，又不宜采用螺钉连接时，一般用螺柱连接。如图 6 – 13 所示，δ_1 加工成通孔，δ_2 上加工出螺纹孔，然后将双头螺柱的一端（旋入端）旋紧在螺孔内，再在双头螺柱的另一端（紧固端）套上带通孔的被连接零件加上垫片，拧紧螺母。螺孔深度与螺柱的旋入端 b_m 有关。用螺柱连接时，应根据螺孔件的材料选择螺柱的标准号，即确定 b_m 长度。钢：$b_m = d$，铸铁：$b_m = (1.25 \sim 1.5)d$，铝：$b_m = 2d$。

螺柱的公称长度 $L \geq \delta + h + m + a$

式中：

δ——通孔零件厚度（设计给定）；

h——垫片厚度（根据标记查表）；

m——螺母厚度（根据标记查表）；

a——螺柱伸出螺母的长度，$a = 0.3d$。

根据计算出螺柱的长度，还需根据螺柱的标准系列选取标准值。

采用螺柱连接时，螺柱的拧入端必须全部地旋入螺孔内，为此，螺孔的深度应大于拧入端长度，螺孔深一般取拧入深度（b_m）加两倍的螺距（P），即 $b_m + 2P$，如图 6 – 14 所示。

画螺柱连接图时，要注意以下几点：

① 连接图中，螺柱旋入端的螺纹终止线应与结合面平齐，表示旋入端全部拧入，足够拧紧。

② 弹簧垫圈用作防松，外径比普通垫圈小，以保证紧压在螺母底面范围之内。弹簧垫圈开槽的方向应是阻止螺母松动的方向，在图中应画成与水平线成 60°上向左、下向右的两条线。

（3）螺钉连接的画法

螺钉连接用于不经常拆卸，并且受力不大的零件。它的两个被连接零件较厚的加工出螺孔,较薄的零件加工出通孔,不用螺母,直接将螺钉穿过通孔拧入螺孔中。图 6-15 所示为螺钉连接的简化画法。

螺钉的公称长度 $L \geq \delta + b_m - t$

式中:

δ——通孔零件厚度(设计给定);

b_m——螺纹旋入深度;

t——沉头座深度。

根据计算出的螺钉长度在标准系列中取标准值。

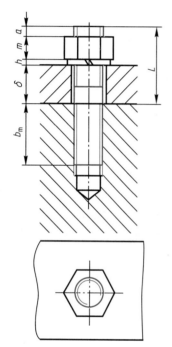

图 6-13 螺柱连接的画法

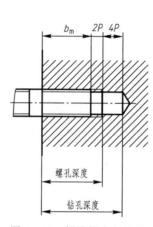

图 6-14 螺孔深度的画法

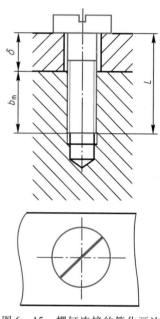

图 6-15 螺钉连接的简化画法

任务 2 销连接的画法与标注

 任务描述

生产实际中销常用作连接、锁定零件或传递动力;为了保证零件间的相对位置,销也作定位之用。销是标准件,其结构形式、尺寸和标记都已标准化,学习中要掌握销连接的画法和销的标记;了解销的类型和用途。

一、销的功用、种类及标记

1. 销的功用、类型

销主要用于零件之间的定位，也可用于零件之间的连接，但只能传递不大的扭矩。销也是标准件，类型亦很多，常用的有普通圆柱销和圆锥销，如图 6-16 所示。

圆柱销　　　　　　　　　　　圆锥销

图 6-16　常用的销

2. 销的标记

（1）普通圆柱销（GB/T 119.1—2000）

圆柱销主要用于定位，也可用于连接。有 A、B、C、D 四种型式，用于不经常拆卸的地方。

[例 6-4]　公称直径为 10 mm、长为 50 mm 的 B 型圆柱销标记：

销　GB/T 119.1 B10×50

（2）圆锥销（GB/T 117—2000）

圆锥销有 1:50 的斜度，定位精度比圆柱销高，多用于经常拆卸的地方。

[例 6-5]　公称直径为 10 mm、长为 60 mm 的 A 型圆锥销标记：

销　GB/T 117 10×60

二、销连接的画法

圆柱销和圆锥销的画法如图 6-17 所示。销的装配要求较高，销孔一般在被连接零件装配完时加工。这一要求需要在相应的零件图上注明。

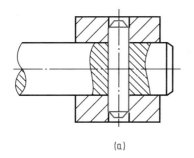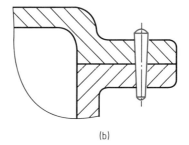

(a)　　　　　　　　　　　　　　(b)

图 6-17　销连接的画法

任务3　键连接的画法与标注

任务描述

在机器中，键通常用来连接轴和轴上的零件（如齿轮、带轮等），使它们一起转动，常在轴和孔的连接处开一键槽，将键嵌入。学习中要学会普通平键连接的画法；了解键的种类和标注。

一、键的功用、种类及标记

1. 键的功用

用键将轴与轴上的传动件（如齿轮、带轮等）连接在一起，以传递扭矩。

2. 键的种类

键是标准件（GB/T 1096—2003），常用的键有平键、半圆键、钩头楔键和花键等多种，如图6-18所示。

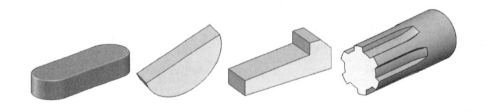

图6-18　键的种类

3. 普通平键的标记

普通平键有圆头（A型）、平头（B型）、单圆头（C型）三种类型。其标记形式：

［例6-6］　GB/T 1096 键 16×10×100　表示：圆头普通平键（A）型，宽度=16 mm，高度=10 mm，长度=100 mm。

［例6-7］　GB/T 1096 键 B18×11×100　表示：平头普通平键（B型），宽度=18 mm，高度=11 mm，长度=100 mm。除A型省略型号外，B型和C型都要注出型号。

二、键连接的画法

普通平键能使套在轴上的零件与轴连接后的同轴度好。其画法如图6-19所示。普通平键和半圆键的工作表面是两侧面，这两个侧面与键槽的两侧面相接触，键的底面与轴上键槽的底平面相接触，所以画一条粗实线，键的顶面与键槽顶面不接触，有一定的间隙量，故画两条线。

键连接时，要先在轴上和轮毂上加工出键槽，轴和轮毂上的键槽画法及尺寸标注如图6-20所示。

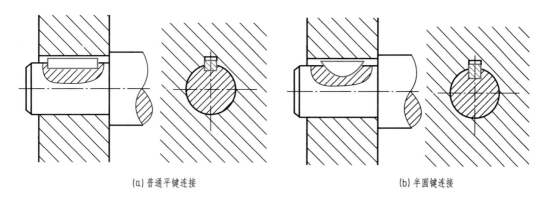

(a) 普通平键连接   (b) 半圆键连接

图 6 – 19   键连接的画法

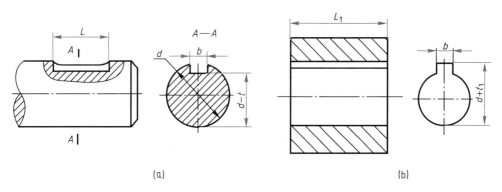

(a)   (b)

图 6 – 20   键槽的画法和尺寸标注

思考

能根据轴、孔的直径从相应的标准中查找、选用键的结构、形式和尺寸等，并进行正确标注？

任务 4   滚动轴承的画法与标注

任务描述

滚动轴承是用来支撑轴的组合件，具有摩擦阻力小，结构紧凑，经济性好等特点，在机器中广泛使用。画图时按国家标准的规定画图,掌握滚动轴承代号的含义,在装配图中的画法;了解滚动轴承的种类和用途。

一、滚动轴承的结构和种类(GB/T 4459.7—1998)

1. 滚动轴承的结构

如图6-21所示,滚动轴承的结构一般由外圈(与机座孔相配合)、内圈(与轴配合)、滚动体(装在内圈和外圈之间的滚道中)、保持架(用来把滚动体互相隔离开)组成。

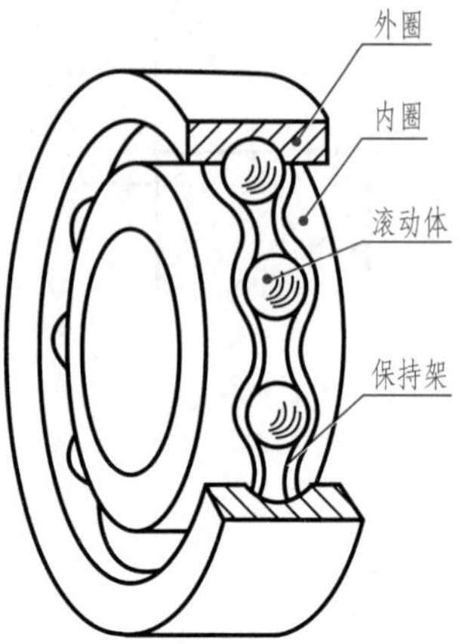

2. 滚动轴承的类型

按可承受载荷的方向,滚动轴承分为三大类:

向心轴承——主要承受径向载荷,如深沟球轴承。

推力轴承——承受轴向载荷,如推力球轴承。

向心推力轴承——同时承受径向载荷和轴向载荷,如圆锥滚子轴承。

二、滚动轴承的画法

滚动轴承是标准组件,其结构型式、尺寸和标记都已标

图6-21 滚动轴承

准化,国家标准对轴承的画法作了统一规定,有简化画法和规定画法之分。简化画法又分为通用画法和特征画法。画装配图时只需根据给定的轴承代号,从轴承标准中查出外径D、内径d、宽度B三个主要尺寸,按规定画法或特征画法画出。表6-3为常用滚动轴承的画法。

表6-3 常用滚动轴承的画法

轴承类型代号	通 用 画 法	特 征 画 法	规 定 画 法
深沟球轴承(GB/T 276—1994) 类型代号6	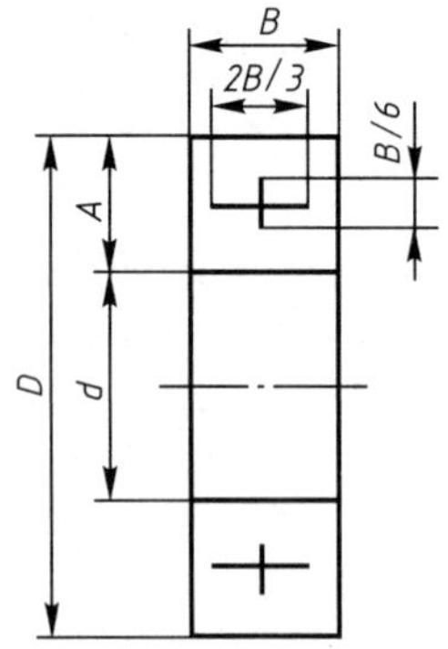	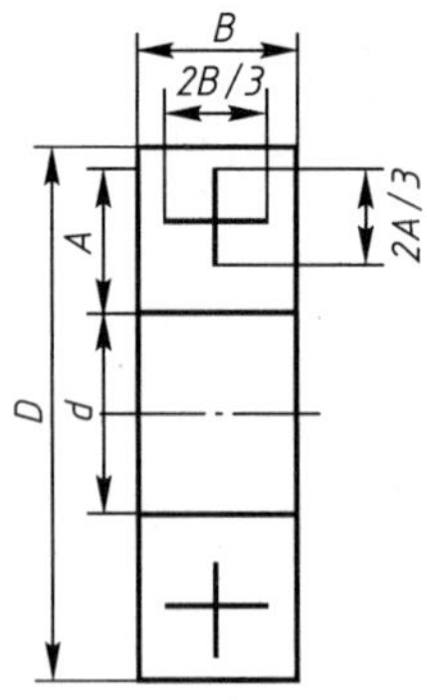	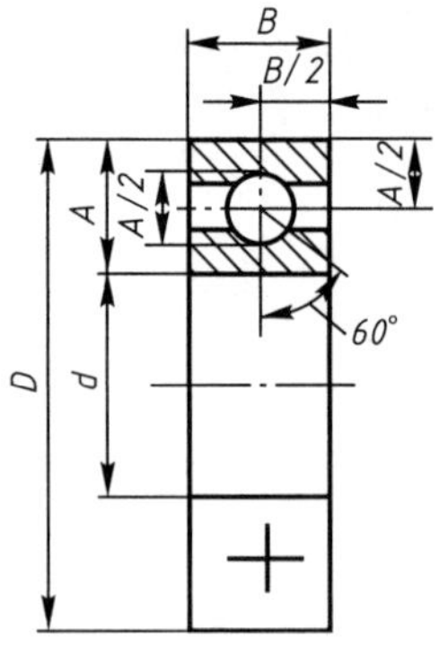

续表

轴承类型代号	通用画法	特征画法	规定画法
圆锥滚子轴承 （GB/T 297—1994） 类型代号 3			
推力球轴承（GB/T 301—1995） 类型代号 5			

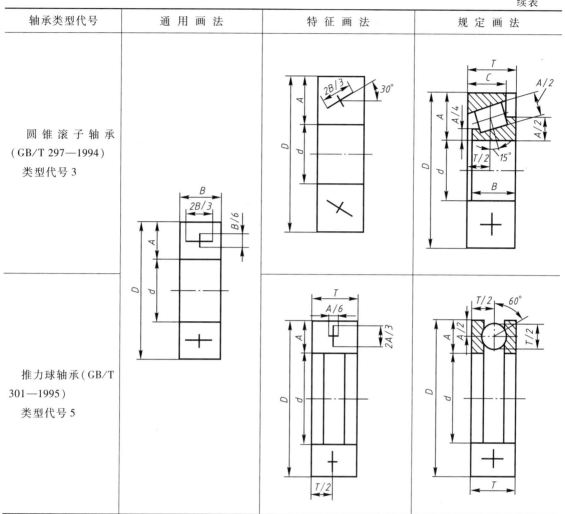

三、滚动轴承代号和标记

滚动轴承的类型很多，为便于组织生产和管理，国家标准规定了其代号。代号由基本代号、前置代号和后置代号构成。

前置、后置代号是轴承在结构形状、尺寸、公差、技术要求等有改变时，在其基本代号左右添加的补充代号。前置代号用字母表示。后置代号用字母（或加数字）表示。基本代号表示轴承的基本类型、结构和尺寸，是轴承代号的基础。基本代号由轴承类型代号、尺寸系列代号和内径代号构成。其中类型代号由字母或数字表示，按表 6-4 表示。尺寸系列代号、内径代号由数字表示。基本代号通常用 4 位数字表示，第一位数字是轴承类型代号，第二位数字是尺寸系列代号，右边的两位数字是内径代号。

当内径尺寸在 20~480 mm 范围内时，内径尺寸=内径代号×5 mm。

例如：轴承代号

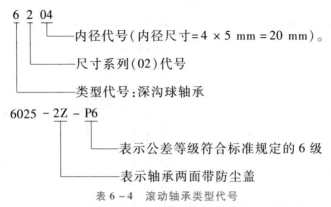

6 2 04

└── 内径代号(内径尺寸 = 4 × 5 mm = 20 mm)。

└── 尺寸系列(02)代号

└── 类型代号:深沟球轴承

6025 - 2Z - P6

└── 表示公差等级符合标准规定的 6 级

└── 表示轴承两面带防尘盖

表 6-4　滚动轴承类型代号

代　号	轴 承 类 型	代　号	轴 承 类 型
0	双列角接触球轴承	N	圆柱滚子轴承
1	调心球轴承		双列或多列用字母 NN 表示
2	调心滚子轴承和推力调心滚子轴承	U	外球面球轴承
3	圆锥滚子轴承	QJ	四点接触球轴承
4	双列深沟球轴承		
5	推力球轴承		
6	深沟球轴承		
7	角接触球轴承		
8	推力圆柱滚子轴承		

轴承代号中字母、数字的含义可查阅有关国家标准。

特别提示

一定要熟悉滚动轴承的规定画法,搞清基本代号的含义。

任务5　齿轮的规定画法

任务描述

齿轮是应用非常广泛的传动件,用以传递动力和运动,并具有改变转速和转向的作用。齿轮的参数中只有模数和压力角标准化,它是常用件。学习中要了解圆柱齿轮轮齿结构的几何要素和齿轮尺寸的计算;掌握圆柱齿轮的规定画法;了解锥齿轮、蜗杆蜗轮的特点及画法。

一、齿轮的传动形式

常见的齿轮传动形式有三种：

圆柱齿轮传动——用于两平行轴之间的传动，如图 6 - 22a 所示；

锥齿轮传动——用于两相交轴之间的传动，如图 6 - 22b 所示；

蜗杆蜗轮传动——用于两交错轴之间的传动，如图 6 - 22c 所示。

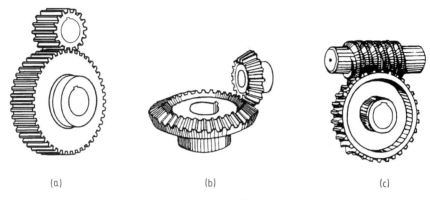

(a)　　　　　　　　　(b)　　　　　　　　　(c)

图 6 - 22　常用齿轮传动形式

二、圆柱齿轮

圆柱齿轮按其齿线方向可分为直齿圆柱齿轮、斜齿圆柱齿轮和人字齿轮。这里主要介绍具有渐开线齿形的标准齿轮的有关知识与规定画法。

1. 圆柱齿轮各部分名称和尺寸关系

图 6 - 23 为啮合直齿圆柱齿轮示意图。

（1）齿数 z　轮齿的个数，它是齿轮计算的主要参数之一。

（2）齿顶圆 d_a　通过齿轮各齿顶端的圆。

（3）齿根圆 d_f　通过齿轮各齿槽根部的圆。

（4）分度圆 d　齿轮上一个约定的假想圆，是齿轮设计和加工时计算尺寸的基准圆。在该圆上齿槽宽 e 与齿厚 s 相等，即 $e = s$。

（5）节圆 d'　两齿轮啮合时，位于连心线 O_1O_2 上的两齿廓接触点 P，称为节点。分别以 O_1、O_2 为圆心，O_1P、O_2P 为半径所作的两相切的圆称为节圆。正确安装的标准齿轮 $d' = d$。

（6）齿距 p、齿厚 s、齿槽宽 e　在分度圆上，相邻两齿廓对应点之间的弧长为齿距；在标准齿轮中，分度圆上 $e = s$，$p = s + e$。

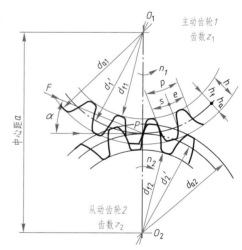

图 6 - 23　啮合直齿圆柱齿轮示意图

（7）齿高 h、齿顶高 h_a、齿根高 h_f　轮齿在齿顶圆与齿根圆之间的径向距离为齿高；齿顶圆与分度圆的径向距离为齿顶高；分度圆与齿根圆的径向距离为齿根高。

（8）模数 m　由于齿轮的分度圆周长 $= zp = \pi d$，则 $d = zp/\pi$，为计算方便，将 p/π 称为模数 m，则 $d = mz$。模数是设计、制造齿轮的重要参数。模数的数值已标准化，见表 6 - 5。

表 6-5 齿轮模数系列（GB/T 1357—2008）　　　　　　　mm

第一系列	1	1.25	1.5	2	2.5	3	4	5	6	8	10	12	16	20	25	32	40	50
第二系列	1.75	2.25	2.75	(3.25)	3.5	(3.75)	4.5	5.5	(6.5)	7	9	(11)	14	18	22	28	36	45

（9）齿形角 α　通过齿廓曲线上与分度圆交点所作的切线与径向所夹的锐角，根据 GB/T 1356—2001 的规定，我国采用的标准齿形角为 20°。

（10）中心距　齿轮副两轴线之间的最短距离。

特别提示

齿轮的轮齿结构种类多，且形状各异。直齿圆柱齿轮是最为广泛应用的一种，学习中应重点掌握其相关知识，按齿轮轮齿结构的规定画法作图即可。

2. 直齿圆柱齿轮的规定画法

（1）单个齿轮的画法

国家标准只对齿轮的轮齿部分作了规定画法，其余结构按齿轮轮廓的真实投影绘制。GB/T 4459.2—2003 规定齿轮画法为：齿顶圆和齿顶线用粗实线绘制；分度圆和分度线用细点画线绘制；齿根圆和齿根线用细实线绘制，也可省略不画，如图 6-24 所示，在剖视图中，齿根线用粗实线绘制；当剖切平面通过齿轮轴线时，轮齿一律按不剖处理。

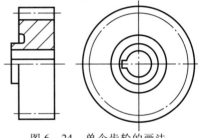

图 6-24　单个齿轮的画法

（2）两齿轮啮合的画法

两齿轮啮合时，除啮合区外，其余部分按单个轮齿绘制。啮合区按如下规定绘制，在平行于齿轮轴线的投影面的视图中，当剖切平面通过两齿轮的轴线时，啮合区内的两条节线重合为一条，用细点画线绘制；两条齿根线都用粗实线画出；两条齿顶线，其中一条用粗实线画出，另一条画细虚线或省略不画。在投影为圆的视图上，两分度圆画成相切，如图 6-25a 所示。也可将齿根圆及啮合区内的齿顶圆省略不画，如图 6-25b 所示。

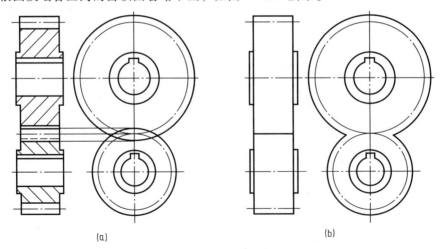

(a)　　　　　　　　　　　　(b)

图 6-25　圆柱齿轮啮合画法

三、锥齿轮简介

1. 锥齿轮的特点

锥齿轮常用于垂直相交轴齿轮副传动。轮齿分布在圆锥面上，齿厚、模数和直径由大端到小端是逐渐变小的。为了便于设计和制造，规定以大端模数为标准来计算各部分尺寸。

2. 锥齿轮啮合的画法

如图 6 – 26 所示，主视图常画成剖视图，啮合区的画法与圆柱齿轮的画法相似，左视图按两轮齿的外形轮廓画出。

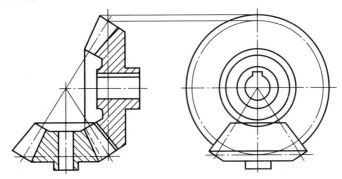

图 6 – 26　锥齿轮啮合画法

四、蜗杆、蜗轮简介

1. 蜗杆、蜗轮的结构特点

蜗杆、蜗轮用于垂直交错两轴之间的传动，一般蜗杆是主动件，蜗轮是从动件。蜗杆的齿数称为头数，常用的有单头和双头。蜗轮可以看作是一个斜齿轮，为了增加与蜗杆的接触面积，蜗轮的齿顶常加工成凹弧形。蜗杆、蜗轮传动可以得到很大的传动比，传递也较平稳，但效率低。

一对蜗杆、蜗轮啮合，其模数必须相同，蜗杆的导程角与蜗轮的螺旋角大小相等、方向相同。

2. 蜗杆、蜗轮的画法

蜗杆一般选用一个视图，其齿顶线、齿根线和分度线的画法与圆柱齿轮相同，如图 6 – 27 所示。齿形可用局部剖视图或局部放大图表示。

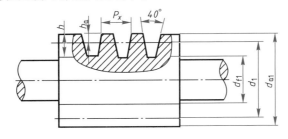

图 6 – 27　蜗杆的画法

蜗轮的画法与圆柱齿轮相似，如图 6 – 28 所示。

蜗杆、蜗轮啮合的画法有两种，画成剖视图和外形图，如图 6 – 29 所示。在蜗轮投影为圆的视图中，蜗轮的节圆与蜗杆的节线相切。

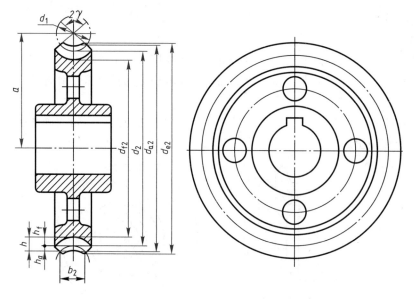

图 6 - 28   蜗轮的画法

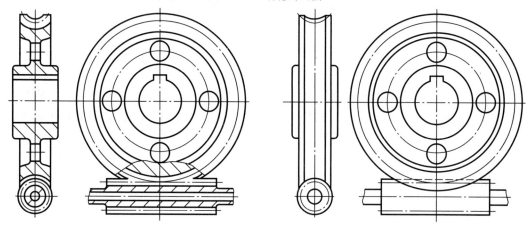

图 6 - 29   蜗杆、蜗轮啮合的画法

任务 6   圆柱螺旋压缩弹簧的画法

   任务描述

　　弹簧是机器、车辆、仪表、电气中的常用件，它可以起减振、夹紧、储能和测力等作用。弹簧的特点是：除去外力后，可立即恢复原状。弹簧的类型很多，学习中掌握圆柱螺旋压缩弹簧的画法；了解弹簧的技术参数和在装配图中的画法。

一、圆柱螺旋压缩弹簧各部分名称和尺寸关系

图 6 – 30 为圆柱螺旋压缩弹簧各部分尺寸及画法。

d——簧丝直径；

D——弹簧外径，弹簧的最大直径；

D_1——弹簧内径，弹簧的最小直径，$D_1 = D - 2d$；

D_2——弹簧中径，弹簧的平均直径，$D_2 = \dfrac{D + D_1}{2}$；

t——节距，指除弹簧支承圈外，相邻两圈的轴向距离；

n_0——支承圈数，弹簧两端起支承作用、不起弹力作用的圈数，一般为 1.5、2、2.5 圈三种，常用 2.5 圈；

n——有效圈数，除支承圈外，保持节距相等的圈数；

n_1——总圈数，支承圈数与有效圈数之和，即：$n_1 = n_0 + n$；

H_0——自由高度，弹簧在没有负荷时的高度，即：$H_0 = nt + (n_0 - 0.5)d$；

L——簧丝长度，弹簧钢丝展直后的长度，$L = n_1 \sqrt{(\pi D_2)^2 + t^2}$。

螺旋弹簧分为左旋和右旋两类。

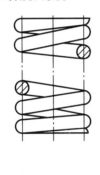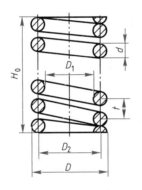

图 6 – 30　压缩弹簧

二、圆柱螺旋压缩弹簧的画法

1. 几项基本规定

在平行于螺旋弹簧轴线投影面的视图中，其各圈的轮廓线应画成直线。左旋弹簧允许画成右旋，但要加注"左"字。螺旋压缩弹簧如果两端并紧磨平时，不论支承圈多少和末端并紧情况如何，均按支承圈为 2.5 圈的形式画出。四圈以上的弹簧，中间各圈可省略不画，而用通过中径线的细点画线连接起来。

2. 单个弹簧的画法

弹簧的作图步骤如图 6 – 31 所示。

思考

绘制圆柱螺旋压缩弹簧的视图时，应注意哪些要求？

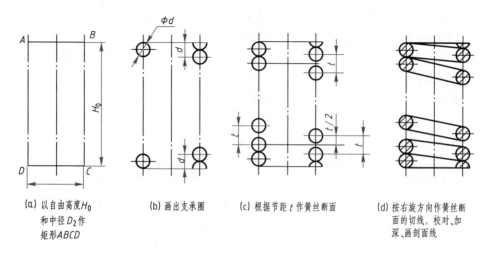

(a) 以自由高度H_0
和中径D_2作
矩形$ABCD$

(b) 画出支承圈

(c) 根据节距t作簧丝断面

(d) 按右旋方向作簧丝断
面的切线，校对、加
深、画剖面线

图6-31 弹簧的画法

3. 在装配图中螺旋弹簧的画法

弹簧各圈取省略画法后，其后面结构按不可见处理。可见轮廓线只画到弹簧钢丝的断面轮廓或中心线上，如图6-32a所示。

在装配图中，簧丝直径$d \leqslant 2$ mm的断面可用涂黑表示，且中间的轮廓线不画，如图6-32b所示。

簧丝直径$d < 1$ mm时，可采用示意画法，如图6-32c所示。

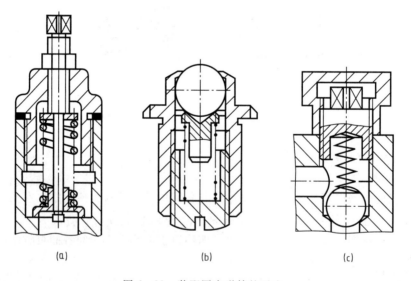

(a)　　　　　(b)　　　　　(c)

图6-32 装配图中弹簧的画法

特别提示

学习弹簧画法的主要目的是看懂装配图中弹簧的表示法。

（1）在螺纹的规定画法中，牙顶用粗实线表示（用手摸得着的直径）；牙底用细实线表示（用手摸不着的直径）；螺纹终止线用粗实线表示。剖视图中剖面线画到粗实线处。螺纹标注的目的主要是把螺纹的类型和参数体现出来，尺寸界线要从大径引出。

（2）齿轮的规定画法，齿顶线和齿顶圆用粗实线；分度线和分度圆用细点画线；齿根线和齿根圆用细实线，可省略不画；当剖切平面通过齿轮的轴线时，齿根线用粗实线，轮齿按不剖处理。

（3）键连接、销连接和滚动轴承等标准件及常用件弹簧在图样中的画法要符合标准。其标记形式要正确。

项目 **七**

零件图的绘制与识读

知识目标　(1) 了解零件图的作用和内容；

(2) 掌握零件图的画法和尺寸标注；

(3) 了解零件的工艺结构；

(4) 熟悉零件图上的技术要求，了解表面粗糙度、尺寸公差和形位公差的概念、含义及在图样上的标注形式；

(5) 掌握识读零件图的方法。

能力目标　(1) 根据零件图的内容和要求熟练绘制完整清晰的零件图；

(2) 根据零件需求能正确标注零件图的技术要求；

(3) 能够读懂简单的零件图，想象出零件的结构形状；

(4) 熟练地测绘中等复杂的零件。

任务 1　零件图的作用和内容

　任务描述

任何机器或部件，都是由若干个零件按一定的装配关系和技术要求装配而成的。组成机器的最小单元为零件，表达零件结构、大小和技术要求的图样为零件图。在设计、制造、检验的任何一个环节都离不开零件图，学习中要了解零件图的作用和内容。

一、零件图的作用

零件图是制造和检验零件的依据，是指导生产机器零件的重要技术文件之一。零件图反映了设计者的意图，表达了机器或部件对零件的要求。

二、零件图的内容

一张完整的零件图一般应包括以下几项基本内容：

1. 一组视图

用一组恰当的视图、剖视图、断面图和局部放大图等表达方法，完整清晰地表达出零件的结构和形状。

2. 全部尺寸

正确、完整、清晰、合理地标注出组成零件各形体的大小及其相对位置的尺寸，即提供制造和检验零件所需的全部尺寸。

3. 技术要求

用规定的代号、数字和文字简明地表示出在制造和检验时技术上应达到的要求。

4. 标题栏

在零件图右下角，用标题栏写明零件的名称、数量、材料、比例、图号以及设计、制图、校核人员签名和绘图日期。

图 7-1 所示的主动轴零件图，表明一张零件图的基本内容。

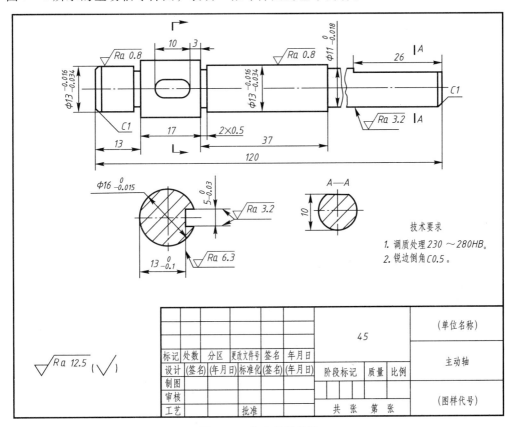

图 7-1 主动轴零件图

任务 2 典型零件的零件图绘制和尺寸标注

任务描述

根据零件的形状和功用的不同，零件可分为轴套类、轮盘类、叉架类和箱体类等。要进行零件生产，必须有正确的图样——零件图。如何将零件表达清楚，需要画哪些视图、哪个方向作为主视方向，如何表示零件的尺寸等，都是绘制零件图的任务。画图时要会分析零件的结构，恰当地选择表达方法，做到视图少，表达清。对零件图标注尺寸，既要满足设计要求又要符合加工、测量等工艺要求。

一、零件图的视图选择

零件图上所绘的一组视图，要将零件各部分的结构和形状完整、清晰地表达出来，并能符合生产要求及便于看图。零件视图选择包括以下几个方面：

1. 分析零件结构形状

零件的结构形状是由它在机器中的作用、装配关系和制造方法等因素决定的。在零件视图选择之前，应首先对零件进行形体分析和结构分析，要分清主要形体和次要形体，并了解其功用及加工方法，以便确切地表达零件的结构形状，反映零件的设计和工艺要求。

2. 选择主视图的原则

主视图是零件图中最重要的图形，主视图选择得合理与否直接影响到整个表达方案的合理性，选择主视图应考虑下面几个原则：

（1）特征原则 能充分反映零件的结构形状特征。

（2）工作位置原则 反映零件在机器或部件中工作时的位置。

（3）加工位置原则 零件在主要工序中加工时的位置。

在确定一个零件的主视图时，根据零件的结构特征有所侧重，如图 7－2a 所示的轴类零件是以加工位置和其轴线方向的结构特征选择主视图；图 7－2b 的摇杆是以结构形状特征和工作位置选择主视图。

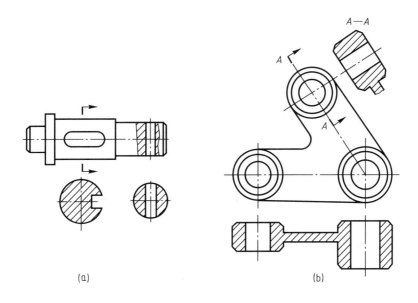

图 7 - 2　主视图的选择

特别提示

通常将表示零件信息量最多的视图作为主视图，按上述的三个原则来选择，其目的是为了在设计绘图时，使设计基准、工艺基准、检测基准、安装基准等尽可能一致，以减少尺寸误差，保证产品质量。

3. 选择其他视图

对于结构复杂的零件，主视图中没有表达清楚的部分，必须选择其他视图，包括剖视图、断面图、局部放大图和简化画法等。选择其他视图时要注意以下几点：

（1）所选择的表达方法要恰当，每个视图都有明确的表达目的。对零件的内部形状与外部形状、主体形状与局部形状的表达，每个视图都应有所侧重。

（2）所选视图的数量要恰当。在完整、清晰地表达零件内、外结构形状的前提下，尽量减少图形个数，以便于画图和看图。

（3）对于表达同一内容的视图，应拟出几种表达方法进行比较，以确定一种较好的表达方案。

二、零件图中的尺寸标注

零件图中标注的尺寸是加工和检验零件的重要依据。除了应符合尺寸标注中的正确、完整和清晰基本要求外，还必须满足较为合理的要求。尺寸标注的合理是指所注的尺寸既要满足设计要求，又要满足加工、测量和检验等制造工艺的要求。要做到标注尺寸合理，需要较多的机械设计和机械制造方面的知识，这里主要介绍一些合理标注尺寸的基本知识。

1. 零件图的尺寸基准

如前所述，标注和度量尺寸的起点称为尺寸基准。根据基准的作用不同，一般将基准分为设计基准和工艺基准。

（1）设计基准

根据零件的结构、设计要求，用以确定该零件在机器中的位置和几何关系的一些面、线为设计基准。常见的设计基准是：

① 零件上主要回转结构的轴心线。

② 零件结构的对称中心面。

③ 零件的重要支承面、装配面及两零件重要结合面。

④ 零件的主要加工面。

（2）工艺基准

根据零件加工制造、测量和检验等工艺要求所选定的一些面、线称为工艺基准。任何一个零件都有长、宽、高三个方向的尺寸，每个尺寸都有基准，因此每个方向至少要有一个基准。同一个方向上有多个基准时，其中必有一个是主要基准，其余为辅助基准，如图 7-3所示。

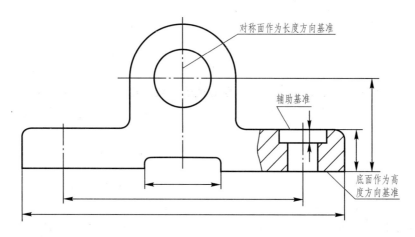

图 7-3　常见尺寸基准

2. 标注尺寸注意事项

（1）重要尺寸应从主要基准直接注出

零件的重要尺寸是指影响产品性能、工作精度、装配精度及互换性的尺寸。为了使零件的重要尺寸不受其他尺寸误差的影响，应在零件图中直接把重要尺寸注出。图 7-4中尺寸 A 不受其他尺寸的影响，它是重要尺寸。

（2）不能注成封闭尺寸链

封闭的尺寸链是首尾相接，形成一个封闭圈的一组尺寸。图 7-5a 中注成封闭尺寸链，尺寸 B 将受到 A、C 的影响而难以保证。正确的标注是将不重要的尺寸 A 去掉，B 不受尺寸 C 的影响，如图 7-5b 所示。

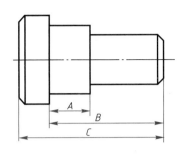

图 7 - 4 重要尺寸标注

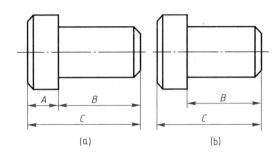

图 7 - 5 不标注封闭尺寸链

（3）标注尺寸要考虑工艺要求

按加工顺序标注尺寸符合加工过程，便于加工和测量，从而保证工艺要求。轴套类零件的一般尺寸或零件阶梯孔等都按加工顺序标注尺寸。如图 7 - 6 所示的轴类零件，图 7 - 6a 便于加工，图 7 - 6b 不便于加工。

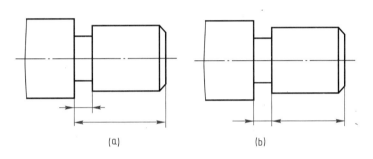

图 7 - 6 标注尺寸要便于加工

在没有结构上或其他特殊要求时，标注尺寸应考虑测量的方便。如图 7 - 7 所示，图 7 - 7a便于测量，图 7 - 7b 不便于测量。

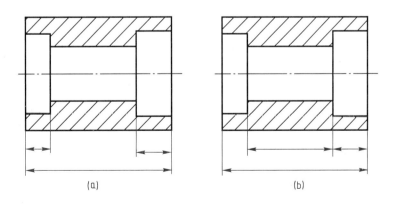

图 7 - 7 标注尺寸要便于测量

特别提示

零件图的尺寸标注主要是针对合理性。

➤ 恰当地选择尺寸基准，重要尺寸从主要基准直接注出。

➤ 所注尺寸要符合工艺要求。

➤ 避免注成封闭尺寸链。

思考

选择图7-2两个零件的尺寸基准，并进行尺寸标注。

三、零件图的视图选择和尺寸标注综合分析

1. 轴套类零件

轴套类零件的基本形状是同轴回转体，沿轴线方向通常有轴肩、倒角、螺纹、退刀槽、键槽等结构要素。此类零件主要是在车床或磨床上加工。

（1）视图选择分析

按加工位置，轴线水平放置作为主视图，便于加工时图物对照，并反映轴向结构形状。如图7-1所示的主动轴，为了表示键槽和小平面的深度，选择两个移出断面图。

（2）尺寸标注分析

轴的径向尺寸基准是轴线，可标注各段轴的直径；轴向尺寸基准常选择重要的端面及轴肩。

2. 轮盘类零件

轮盘类零件的结构特点是轴向尺寸小而径向尺寸大，零件的主体多数是由共轴回转体构成，也有主体形状是矩形的，并在径向分布有螺孔或光孔、销孔等，主要是在车床上加工。

（1）视图选择分析

轮盘类零件一般选择两个视图，一个是轴向剖视图，另一个是径向视图。如图7-8所示，端盖的主视图是以加工位置和表达轴向结构形状特征为原则选取的，采用全剖视，表达端盖的轴向结构层次。左视图表达了端盖径向结构形状特征，是大圆角方形结构，分布四个沉头孔。

（2）尺寸标注分析

轮盘类零件在标注尺寸时，通常选用通过轴孔的轴线作为径向主要尺寸基准。长度方向的主要尺寸基准常选用主要的端面。图7-8所示端盖主视图选左端面为零件长度方向尺寸基准；轴孔等直径尺寸，都是以轴线为基准标注的。

3. 叉架类零件

叉架类零件主要起支承和连接作用，其结构形状比较复杂，且不太规则，要在多种机床上加工。

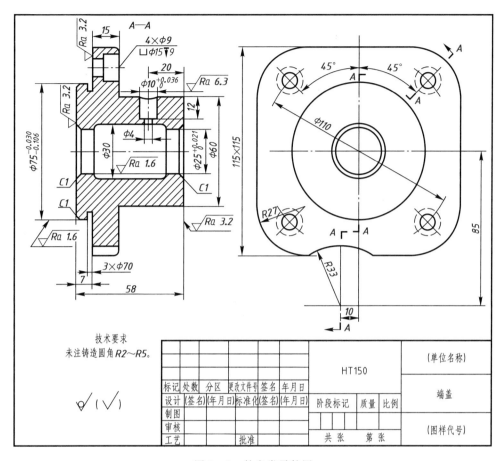

图 7-8　轮盘类零件图

（1）视图选择分析

这类零件由于加工位置多变，在选择主视图时，主要考虑工作位置和形状特征。叉架类零件常常需要两个或两个以上的基本视图，并且要用局部视图、剖视图等表达零件的细部结构。

图 7-9 所示的踏脚座，除主视图外，还采用了俯视图，表达安装板、肋和轴承的宽度，以及它们的相对位置。用 A 向局部视图表达安装板左端面的形状。用移出断面图表达肋的断面形状。

（2）尺寸标注分析

在标注叉架类零件的尺寸时，通常用安装基准面或零件的对称面作为尺寸基准。图 7-9 所示的踏脚座选用安装板左端面作为长度方向的尺寸基准，选用安装板的水平对称面作为高度方向的尺寸基准，宽度方向以对称中心面作为尺寸基准。

4. 箱体类零件

箱体类零件是机器或部件的主体部分，用来支承、包容、保护运动零件或其他零件。这类零件的形状、结构较复杂，加工工序较多。一般均按工作位置和形状特征原则选择主视图，其他视图至少两个或两个以上，应根据实际情况适当采取剖视图、断面图、局部视图和斜视图等

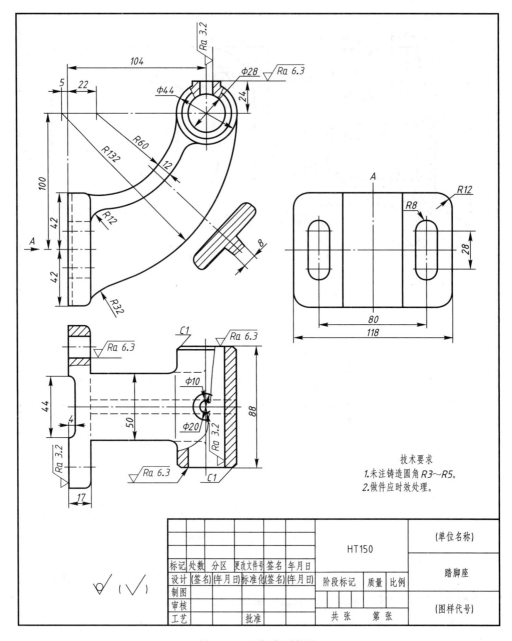

图 7-9 叉架类零件图

多种形式，以清晰地表达零件内外形状。

（1）视图选择分析

图 7-10 所示阀体的主视图按工作位置选取，采用全剖视，清楚地表达内腔的结构，右端圆法兰上有通孔。从左视图中可知四个孔的分布情况，左视图采用半剖视，从半个视图中可知，阀体左端是方形法兰，并有 4 个螺孔；从半剖视图中可知，阀体外形是圆柱体。俯视图表示了方形法兰的厚度，局部剖表示螺孔深度。

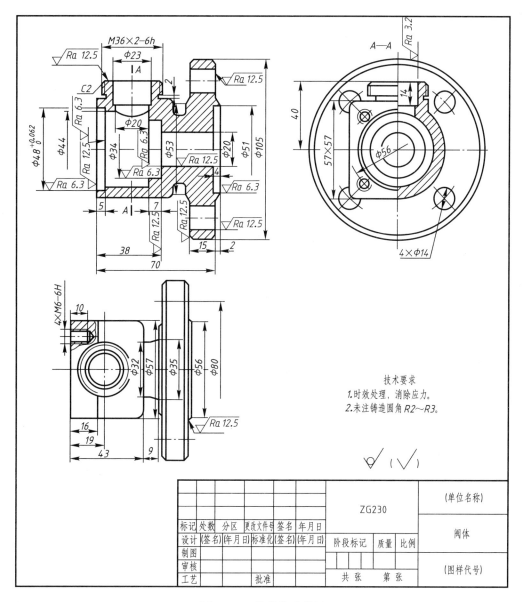

图 7 - 10 箱体类零件图

（2）尺寸标注分析

常选用设计轴线、对称面、重要端面和重要安装面作为尺寸基准。对于箱体上需加工的部分，应尽可能按便于加工和检验的要求标注尺寸。阀体长度方向尺寸基准是通过 A—A 剖切平面的轴线；水平中心线平面是高度方向的尺寸基准；俯视图中的对称中心线是宽度方向的尺寸基准。

5. 其他零件

除了上述四类常见的零件之外，还有一些电信、仪表工业中常见的薄板冲压零件、镶嵌零件和注塑零件等。有些电信、仪表设备中的底板、支架，大多是用板材剪裁、冲孔，再冲压成型。这类零件的弯折处，一般有小圆角。零件的板面上有许多孔和槽口，以便安装电气元件或部件，并将该零件安装到机架上。这种孔一般都是通孔，在不致引起看图困难时，只将反映其真形的那个视图画出，而在其他视图中的细虚线就不必画出了。

任务3 零件上常见的工艺结构及表达

任务描述

零件在机器或部件中的作用决定了它各部分的结构，但在设计零件时，除了考虑其作用外，还必须对零件上的某些结构（如铸造圆角、退刀槽等）进行合理设计和规范表达，使其符合铸造工艺和机械加工工艺的要求。学习中要掌握工艺结构的表达方法，并将其正确应用到零件图的绘制中。

一、铸造零件的工艺结构

1. 起模斜度

用铸造的方法制造零件毛坯时，为了便于在砂型中取出木模，一般沿木模起模方向做成约 1:20 的斜度，叫做起模斜度。铸造零件的起模斜度较小时，在图中可不画、不注，如图 7-11a 所示，必要时可在技术要求中说明。斜度较大时，则要画出和标注斜度，如图 7-11b 所示。

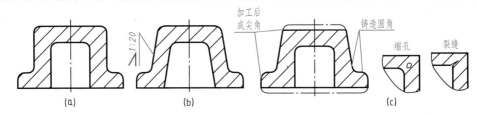

图 7-11 起模斜度和铸造圆角

2. 铸造圆角

为了便于铸件造型时起模，防止铁水冲坏转角处、冷却时产生缩孔和裂缝，将铸件的转角处制成圆角，这种圆角称为铸造圆角，如图 7-11c 所示。

铸造圆角半径一般取壁厚的 20% ~ 40%，尺寸在技术要求中统一注明，在图上一般不标注铸造圆角。

3. 铸件壁厚

用铸造方法制造零件的毛坯时，为了避免浇注后零件各部分因冷却速度不同而产生缩孔或裂纹，铸件的壁厚应保持均匀或逐渐过渡，如图 7-12 所示。

4. 过渡线

铸件及锻件两表面相交时，表面交线因圆角而使其模糊不清，为了方便读图，画图时两表面交线仍按原位置画出，但交线的两端空出不与轮廓线的圆角相交，此交线称为过渡线。过渡

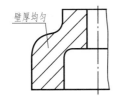  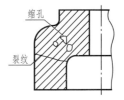

图 7 – 12   铸件的壁厚

线应用细实线绘制，图 7 – 13、图 7 – 14 所示为常见过渡线的画法。

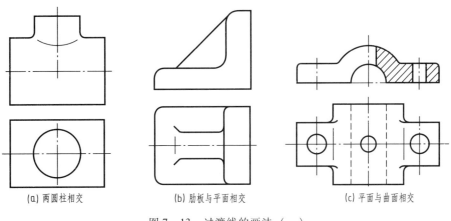

图 7 – 13   过渡线的画法（一）

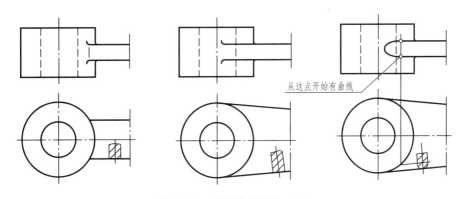

图 7 – 14   过渡线的画法（二）

二、零件机械加工的工艺结构

1. 倒角和倒圆

为了去除零件加工表面的毛刺、锐边和便于装配，在轴或孔的端部应加工成倒角。为了避免阶梯轴轴肩的根部因应力集中而产生裂纹，在轴肩处加工成圆角过渡，称为倒圆。45°倒角和倒圆的标注如图 7 – 15a 所示。非45°倒角的标注见图 7 – 15b。

2. 退刀槽和砂轮越程槽

零件在切削(特别是在车螺纹和磨削)加工中，为了便于退出刀具或使被加工表面完全加

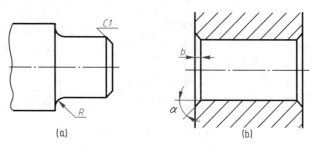

图 7 - 15 零件上的倒角和倒圆

工，常常在零件的待加工面的末端加工出退刀槽或砂轮越程槽，图 7 - 16 所示。图中 b 表示退刀槽的宽度；ϕ 表示退刀槽的直径。b 和 ϕ 的值可查阅国家标准。

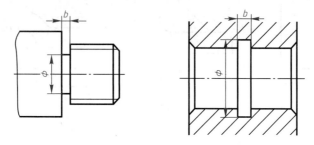

图 7 - 16 退刀槽和砂轮越程槽

3. 钻孔结构

用钻头钻盲孔时，在底部有一个 120° 的锥角。钻孔深度指的是圆柱部分的深度，不包括锥角，如图 7 - 17a 所示。在阶梯形钻孔的过渡处，也存在锥角 120° 的圆台，如图 7 - 17b 所示。对于斜孔、曲面上的孔，为使钻头与钻孔端面垂直，应制成与钻头垂直的凸台或凹坑，如图 7 - 17c、d 所示。

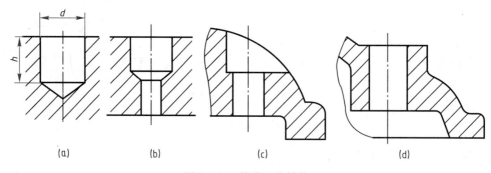

图 7 - 17 钻孔工艺结构

4. 凸台和凹坑

为使配合面接触良好，并减少切削加工面积，应将接触部位制成凸台或凹坑等结构，如图 7 - 18 所示。

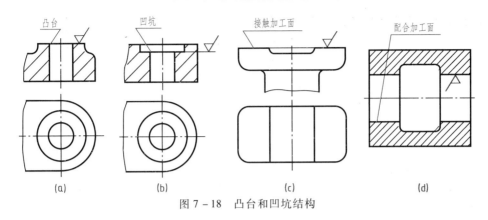

图 7-18　凸台和凹坑结构

特别提示

绝大部分零件都要经过铸造、锻造和机械加工等制造过程，因此，零件的结构形状不仅要满足设计要求，还要符合制造工艺、装配等方面的要求，以保证零件质量好、成本低、效益高。因而，需要注意零件的结构合理性，以免给生产带来困难。

任务4　零件图中技术要求的注写方法

任务描述

零件图上仅有图形和尺寸还不能完全反映对零件的要求，所以，零件图上还必须注写必要的技术要求，以控制零件的加工质量。技术要求有：表面结构要求、尺寸公差、几何公差等，这些内容多数采用国家标准规定的符号和代号直接注写在视图上，有些内容用文字注写在图纸的适当位置。学习中要了解技术要求标注的内容和标注方法；能读懂零件图中标注的技术要求。

一、技术要求的内容

在零件图中除了一组视图和尺寸标注外，还应具备加工和检验零件的技术要求，零件图中的技术要求主要包括以下内容：

（1）零件的表面结构。

（2）尺寸公差、几何公差；对零件的材料、热处理和表面修饰的说明。

（3）关于特殊加工表面修饰的说明。

以上内容可以用国家标准规定的代号或符号在图中注出，也可以用文字或数字在零件图右下方适当的位置写明。图7-1所示的主动轴零件图中就是以符号、代号或文字说明了该零件在制造时应达到的技术要求。

二、表面结构的表示法（GB/T 131—2006）

在工程图样上，需要根据零件的功能对其表面结构给出要求。表面结构是表面粗糙度、表面波纹度、表面缺陷、表面纹理和表面几何形状的总称。这里主要介绍表面粗糙度的表示法。

1. 表面粗糙度的基本概念

表示零件表面具有较小间距和峰谷所组成的微观几何形状特性，称为表面粗糙度。

表面粗糙度对零件的配合性质、耐磨性、强度、耐蚀性、密封性、外观要求等影响很大，因此，零件表面的粗糙度的要求也有不同。一般说来，凡零件上有配合要求或有相对运动的表面，表面粗糙度参数值要小。评定表面粗糙度的高度参数有：轮廓算术平均偏差 Ra，轮廓最大高度 Rz。优先选用轮廓算术平均偏差 Ra。如何确定表面粗糙度的参数及取值，可参阅有关的书籍和手册。

2. 表面结构代号

在 GB/T 131—2006 中规定了表面结构的图形符号，见表 7 – 1。

表 7 – 1　表面结构代号

符 号 名 称	符　　号	意义及说明
基本图形符号	 √	表示未指定工艺方法的表面，当通过一个注释解释时单独使用基本符号，表示表面可用任何方法获得。当不加注粗糙度参数值或有关说明时，仅适用于简化代号标注
扩展图形符号	 ▽	基本符号加一短画，表示用去除材料的方法获得的表面；仅当其含义是被加工表面时可单独使用
	 ◁	基本符号加一小圆，表示用不去除材料方法获得的表面，或者是用于保持上道工序形成的表面，不管这种状况是通过去除材料或不去除材料形成的
完整图形符号	 √▽◁	在上述三个符号的长边上均加一横线，用于标注对表面结构的各种要求

表面结构代号的画法如图 7 – 19 所示。其中 $d' = 0.35$ mm，$H_1 = 3.5$ mm，$H_2 = 7$ mm。

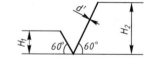

3. 表面结构参数的标注

表面结构参数的单位是 μm。其参数标注示例见表 7 – 2。

图 7 – 19　表面结构代号的画法

表 7 – 2　表面结构代号标注示例

代　　号	意　　义	补 充 说 明
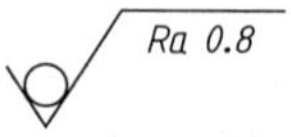 √ Ra 0.8	表示不允许去除材料，单向上限值，默认传输带，R 轮廓，算术平均偏差 0.8 μm，评定长度为 5 个取样长度（默认），"16% 规则"（默认）	参数代号与极限值之间应留空格，默认传输带时的取样长度由 GB/T 10610 和 GB/T 6062 查取

续表

代　号	意　义	补充说明
$Rz_{max}\ 0.2$	表示去除材料，单向上限值，默认传输带，R 轮廓，粗糙度最大高度的最大值 0.2 μm，评定长度为 5 个取样长度（默认），"最大规则"	
$0.008-0.8/Ra\ 3.2$	表示去除材料，单向上限值，传输带 0.008 ~ 0.8 mm，R 轮廓，算术平均偏差 3.2 μm，评定长度为 5 个取样长度（默认），"16% 规则"（默认）	传输带（0.008 ~ 0.8）中的数值分别为短波和长波滤波器的截止波长（$\lambda_s \sim \lambda_c$）表示波长范围，取样长度等于 λ_c。若仅标出一个截止波长，另一值为默认值
$U\ Ra_{max}\ 3.2$ $L\ Ra\ 0.8$	表示不允许去除材料，双向极限值，默认传输带，R 轮廓，算术平均偏差的上限值 3.2 μm，评定长度为 5 个取样长度（默认），"最大规则"，算术平均偏差的下限值 0.8 μm，"16% 规则"（默认）	双向极限用 "U" 和 "L" 表示上限值和下限值，在不致引起歧义时，可不加注 "U" 和 "L"

4. 表面结构要求在图样上的标注

在同一图样上，每一个表面只注一次表面结构代号，且应注在相应的尺寸及其公差的同一视图上。表 7 - 3 为表面结构要求在图样中的标注方法。

表 7 - 3　表面结构要求在图样中的标注

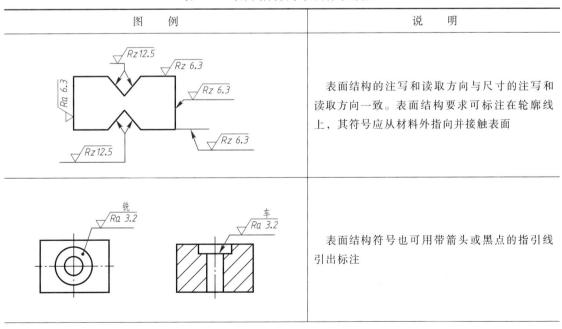

图　例	说　明
	表面结构的注写和读取方向与尺寸的注写和读取方向一致。表面结构要求可标注在轮廓线上，其符号应从材料外指向并接触表面
	表面结构符号也可用带箭头或黑点的指引线引出标注

续表

图 例	说 明
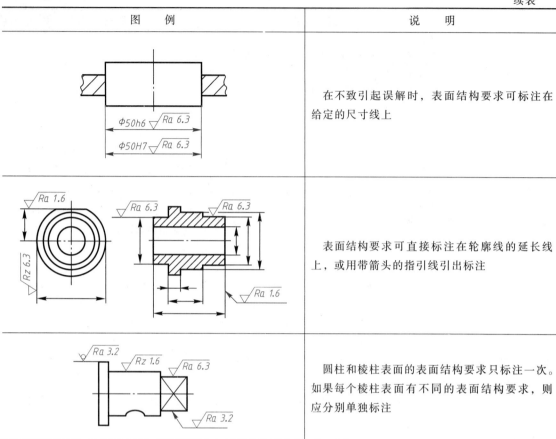	在不致引起误解时，表面结构要求可标注在给定的尺寸线上
	表面结构要求可直接标注在轮廓线的延长线上，或用带箭头的指引线引出标注
	圆柱和棱柱表面的表面结构要求只标注一次。如果每个棱柱表面有不同的表面结构要求，则应分别单独标注

5. 表面结构要求的简化注法

（1）有相同表面结构要求的简化注法

如果在工件的多数表面有相同的表面结构要求，则其表面结构要求可统一注在图样的标题栏附近。此时，表面结构要求的符号后应有：

在圆括号内给出无任何其他标注的基本符号，如图 7 – 20a 所示。

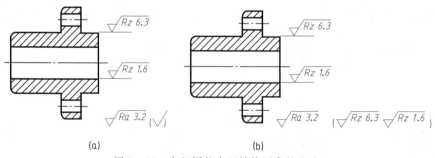

图 7 – 20　有相同的表面结构要求的注法

在圆括号内给出不同的表面结构要求，如图 7 – 20b 所示。

不同的表面结构要求应直接在图中注出。

（2）多个表面有共同要求的注法

当多个表面具有相同的表面结构要求、图纸空间有限时，用带字母的完整符号，以等式的形式，在图形或标题栏附近，对有相同表面结构要求的表面进行简化标注，如图 7 - 21a 所示。只用表面结构符号的简化注法，如图 7 - 21b 所示，以等式的形式给出多个表面共同的表面结构要求。

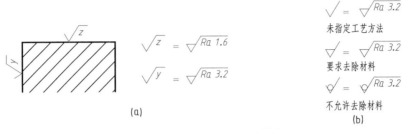

图 7 - 21   在图纸空间有限时的简化注法

三、极限与配合

1. 零件的互换性

同一批零件，不经挑选和辅助加工，任取一个就可顺利地装到机器上去，并满足机器的性能要求，零件的这种性能称为互换性。零件具有互换性，不仅能组织大批量生产，而且可提高产品的质量、降低成本和便于维修。

保证零件具有互换性的措施：由设计者确定合理的配合要求和尺寸公差大小。在满足设计要求的条件下，允许零件实际尺寸有一个变动量，这个允许尺寸的变动量称为公差。

2. 基本术语

以图 7 - 22 为例说明有关术语。

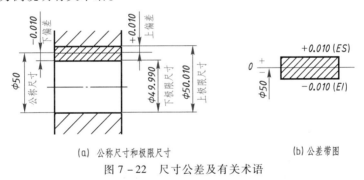

(a) 公称尺寸和极限尺寸   (b) 公差带图
图 7 - 22   尺寸公差及有关术语

公称尺寸   设计给定的尺寸。

极限尺寸   允许尺寸变化的两个极限值，是以公称尺寸为基数来确定的。

尺寸偏差（简称偏差）   某一尺寸减其公称尺寸所得的代数差，分别称为上偏差和下偏差，即：

$$上极限偏差 = 上极限尺寸 - 公称尺寸$$
$$下极限偏差 = 下极限尺寸 - 公称尺寸$$

国家标准规定：孔的上极限偏差代号为 ES，下极限偏差代号为 EI；轴的上极限偏差代号为 es，下极限偏差代号为 ei。

尺寸公差(简称公差) 允许尺寸的变动量。

$$公差 = 上极限尺寸 - 下极限尺寸 = 上极限偏差 - 下极限偏差$$

[例] 一根轴的直径尺寸为 $\phi 50 \pm 0.008$。其公称尺寸为 $\phi 50$,上极限尺寸为 $\phi 50.008$,下极限尺寸为 $\phi 49.992$,计算其上极限偏差、下极限偏差和公差。

$$上极限偏差 = 50.008 - 50 = 0.008$$

$$下极限偏差 = 49.992 - 50 = -0.008$$

$$公差 = 50.008 - 49.992 = 0.016 \quad 或 = 0.008 - (-0.008) = 0.016$$

零线 在公差带图(公差与配合图解)中确定偏差的一条基准直线,即零偏差线。通常以零线表示公称尺寸。

尺寸公差带(简称公差带) 在公差带图中,由代表上、下极限偏差的两条直线所限定的区域。

3. 配合

公称尺寸相同的、相互结合的孔和轴公差带之间的关系称为配合。根据使用的要求不同,孔和轴之间的配合有松有紧,国家标准规定配合分三类:间隙配合、过盈配合和过渡配合。

(1) 间隙配合

孔与轴配合时,具有间隙(包括最小间隙等于零)的配合,此时孔的公差带在轴的公差带之上,如图 7 - 23 所示。

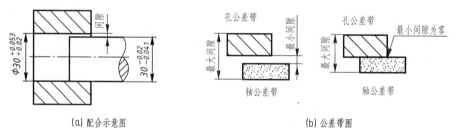

(a) 配合示意图　　　　　　　　　　(b) 公差带图

图 7 - 23　间隙配合

(2) 过盈配合

孔和轴配合时,孔的尺寸减去相配合轴的尺寸,其代数差为负值是过盈。具有过盈的配合称为过盈配合。此时孔的公差带在轴的公差带之下,如图 7 - 24 所示。

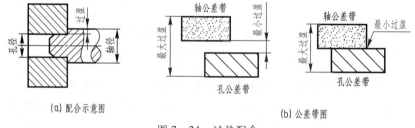

(a) 配合示意图　　　　　　　　　　(b) 公差带图

图 7 - 24　过盈配合

(3) 过渡配合

可能具有间隙或过盈的配合为过渡配合。此时孔的公差带与轴的公差带相互交叠,如图 7 - 25所示。

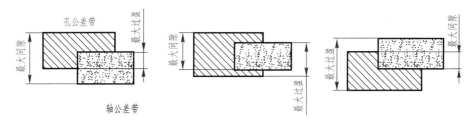

图 7 - 25　过渡配合公差带图

4. 标准公差与基本偏差

公差带由"公差带大小"和"公差带位置"这两个要素组成。标准公差确定公差带大小，基本偏差确定公差带位置。

（1）标准公差

标准公差是标准所列的、用以确定公差带大小的任一公差。标准公差分为 20 个等级，即：IT01、IT0、IT1 至 IT18。IT 表示公差，数字表示公差等级，从 IT01 至 IT18 依次降低。

（2）基本偏差

基本偏差是标准所列的、用以确定公差带相对零线位置的上极限偏差或下极限偏差，一般指靠近零线的那个偏差。当公差带在零线的上方时，基本偏差为下极限偏差；反之则为上极限偏差。轴与孔的基本偏差代号用拉丁字母表示，大写为孔，小写为轴，各有 28 个，如图 7 - 26 所示，其中 H(h) 的基本偏差为零，常作为基准孔或基准轴的偏差代号。

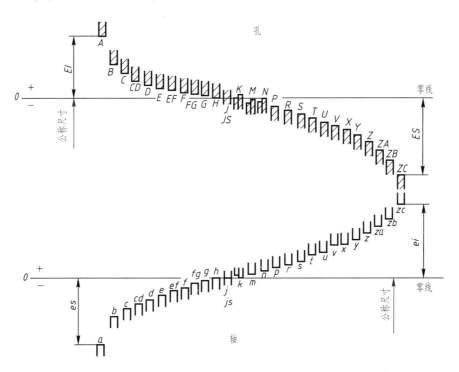

图 7 - 26　孔、轴基本偏差系列

5. 配合制度

当基本尺寸确定后，为了得到孔与轴之间各种不同性质的配合，又便于设计和制造，国家标准规定了两种不同的基准制，即基孔制和基轴制，在一般情况下优先选用基孔制。

（1）基孔制

基本偏差为一定的孔的公差带，与不同基本偏差的轴的公差带形成各种配合的一种制度，如图 7 - 27a 所示。

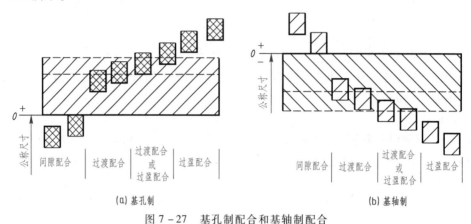

图 7 - 27　基孔制配合和基轴制配合

基孔制配合中的孔为基准孔，用基本偏差代号 H 表示，基准孔的下极限偏差为零。

（2）基轴制

基本偏差为一定的轴的公差带，与不同基本偏差的孔的公差带形成各种配合的一种制度，如图 7 - 27b 所示。

基轴制配合中的轴为基准轴，用基本偏差代号 h 表示，基准轴的上极限偏差为零。

6. 极限与配合的标注

（1）零件图中的标注形式

在零件图中的标注形式有三种：标注公称尺寸及上、下极限偏差值（常用方法）或既注公差带代号又注上、下极限偏差或注公差带代号，如图 7 - 28 所示。

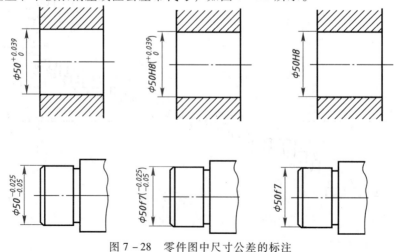

图 7 - 28　零件图中尺寸公差的标注

（2）在装配图中配合尺寸的标注

在装配图中标注时，应在公称尺寸右边注写孔和轴的配合代号。

基孔制的标注形式

$$公称尺寸\frac{基准孔的基本偏差代号(H)\quad 公差等级代号}{配合轴的基本偏差代号\quad 公差等级代号}$$

如图 7 - 29a 所示，表示公称尺寸为 50，基孔制，8 级基准孔与公差等级为 7 级，基本偏差代号为 f 的轴的间隙配合。

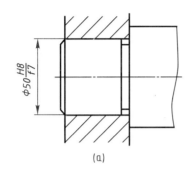
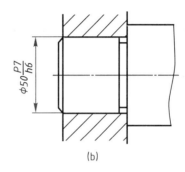

图 7 - 29　公差配合在装配图中的标注

基轴制的标注形式

$$基本尺寸\frac{孔的基本偏差代号\quad 公差等级代号}{基准轴的基本偏差代号(h)\quad 公差等级代号}$$

如图 7 - 29b 所示，表示公称尺寸为 50，基轴制，6 级基准轴与公差等级为 7 级，基本偏差代号为 P 的孔的过盈配合。

四、几何公差简介

1. 几何公差的概念及几何特征

（1）基本概念

零件在加工过程中，不仅尺寸存在误差，而且几何形状和相对位置也会产生误差。零件的实际形状和实际位置相对其理想形状和理想位置的允许变动量称为几何公差。

几何公差是评定产品质量的一个重要指标，国家标准《产品几何技术规范（GPS）几何公差　形状、方向、位置和跳动公差标注》（GB/T 1182—2008）规定用代号标注几何公差。对于一般零件，如果没有标注几何公差，其几何公差可用尺寸公差加以限制，但对于精度要求较高的零件，在零件图中不仅要规定尺寸公差，而且还要规定几何公差。当无法用代号标注几何公差时，允许在技术要求中用文字说明。

（2）几何公差的几何特征和符号

几何公差的几何特征和符号见表 7 - 4。

表 7 – 4 几何公差的几何特征和符号（摘自 GB/T 1182—2008）

公差类型	几何特征	符号	有无基准	公差类型	几何特征	符号	有无基准
形状公差	直线度	—	无	位置公差	位置度	⊕	有
	平面度	▱	无		同心度（用于中心点）	◎	有
	圆度	○	无				
	圆柱度	⌭	无		同轴度（用于轴线）	◎	有
	线轮廓度	⌒	无				
	面轮廓度	⌓	无		有称度	═	有
方向公差	平行度	∥	有		线轮廓度	⌒	有
	垂直度	⊥	有		面轮廓度	⌓	有
	倾斜度	∠	有	跳动公差	圆跳动	↗	有
	线轮廓度	⌒	有		全跳动	⌒⌒	有
	面轮廓度	⌓	有				

2. 几何公差的标注

（1）公差框格

几何公差用公差框格来标注，公差要求注写在矩形框格中，标注内容、顺序及框格的绘制，如图 7 – 30a 所示。

（2）基准符号

有些几何公差要有基准，基准用一个大写字母表示，字母注写在基准方格内，与一个涂黑的或空白三角形相连，如图 7 – 30b 所示。

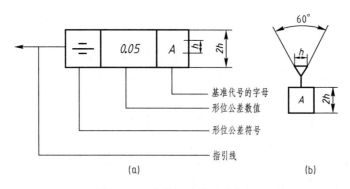

图 7 – 30 公差框格及基准符号

（3）被测要素的标注

标注几何公差时，用引自框格的带箭头的指引线指向被测要素的轮廓线或其延长线上。当被测要素是轮廓线或轮廓面时，指引线的箭头指向该要素的轮廓线或其延长线上，并明显地与尺寸线错开，如图 7-31 所示。当被测要素是轴线或对称中心面时，指引线的箭头应与该要素尺寸线的箭头对齐，如图 7-32a、b 所示。

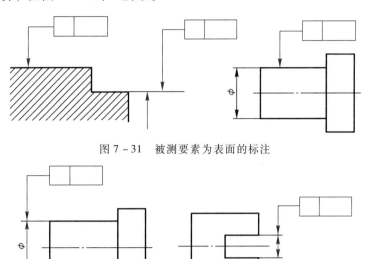

图 7-31 被测要素为表面的标注

图 7-32 被测要素为轴线或对称中心面时的标注

（4）基准要素的标注

当基准要素是轮廓线或轮廓面时，基准三角形放置在要素的轮廓线或其延长线上，并且与尺寸线明显错开，如图 7-33a 所示；基准三角形也可放置在该轮廓面引出的水平线上，如图 7-33b 所示。当基准是尺寸要素的轴线、中心平面或中心点时，基准三角形应放置在该尺寸的延长线上，如图 7-34a 所示。如果没有足够的位置标注基准要素尺寸的两个尺寸箭头，则其中一个箭头可用基准三角形代替，如图 7-34b 所示。

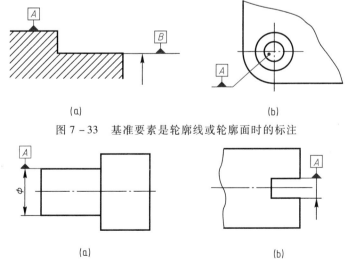

图 7-33 基准要素是轮廓线或轮廓面时的标注

图 7-34 基准要素是尺寸要素的轴线、中心平面或中心点时的标注

3. 几何公差的标注示例

几何公差的标注如图 7-35 所示，图中各公差代号的含义如下：

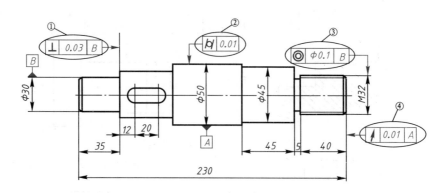

图 7-35 几何公差标注示例

基准 A 表示 $\phi50$ 中间轴段的中心轴线，基准 B 表示轴左端 $\phi30$ 轴段的中心轴线。

公差框格①表示带键槽轴段左端面对于基准 B 的垂直度公差是 0.03 mm，公差框格②表示 $\phi50$ 轴段的圆柱度公差为 0.01 mm，公差框格③表示 M32 螺纹轴线对于基准 B 的同轴度公差为 $\phi0.1$ mm，公差框格④表示轴的右端面对于基准 A 的圆跳动公差为 0.1 mm。

任务 5 零件图的识读

任务描述

在机械制造过程中，审查、校核设计图纸和加工制造机械零件均要读懂零件图，通过零件图理解设计者的设计意图、想象零件的结构形状、了解零件的尺寸和技术要求。学习中要进一步了解零件图的内容，掌握读零件图的基本方法和步骤，达到迅速、准确地阅读零件图的目的；熟悉零件的工艺结构特点和视图表达特点。

一、读零件图的基本要求

读零件图的目的是为了弄清零件的形状、结构、尺寸和技术要求，并了解零件名称、材料和用途。看零件图的基本要求是：

（1）了解零件的名称、材料和用途。

（2）了解各零件组成部分的几何形状、相对位置和结构特点，想象出零件的整体形状。

（3）分析零件的尺寸和技术要求。

特别提示

➤ 读零件图的目的是为了弄清零件图所表达零件的结构形状、尺寸和技术要求，以便指导生产和解决有关的技术问题，工程技术人员必须具有熟练阅读零件图的能力。

➤ 要想了解零件的用途，需要有一定的生产实践经验和相关专业知识，这需要在学习和工作过程中不断的积累。

二、读零件图的方法和步骤

1. 看标题栏

了解零件的名称、材料、画图的比例、重量，从而大体了解零件的功用。对于较复杂的零件，还需要参考有关的技术资料。

2. 分析视图，想象结构形状

分析各视图之间的投影关系及所采用的表达方法。看视图时，先看主要部分，后看次要部分；先看整体，后看细节；先看容易看懂部分，后看难懂部分。按投影对应关系分析形体时，要兼顾零件的尺寸及其功用，以便帮助想象零件的形状。

3. 分析尺寸

了解零件各部分的定形尺寸、定位尺寸和零件的总体尺寸，以及注写尺寸所用的基准。

4. 看技术要求

零件图的技术要求是制造零件的质量指标。分析技术要求，结合零件表面粗糙度、公差与配合等内容，以便弄清加工表面的尺寸和精度要求。

5. 综合考虑

把读懂的结构形状、尺寸标注和技术要求等内容综合起来，就能比较全面地读懂零件图。

三、读图举例(图 7 - 36)

1. 看标题栏

从标题栏中可知零件的名称是缸体，其材料为铸铁(HT200)，属于箱体类零件。

2. 分析视图

图中采用三个基本视图。主视图为全剖视图，表达缸体内腔结构形状，内腔的右端是空刀部分，$\phi 8$ 的凸台起限定活塞工作位置的作用，上部左右两个螺孔是连接油管用的螺孔。俯视图表达了底板形状和四个沉头孔、两个圆锥销孔的分布情况，以及两个螺孔所在凸台的形状。左视图采用 A—A 半剖视图和局部视图，它们表达了圆柱形缸体与底板的连接情况、连接缸盖螺孔分布和底板上沉头孔。

3. 分析尺寸

缸体长度方向的尺寸基准是左端面，从基准出发标注定位尺寸 80、15，定形尺寸 95、30

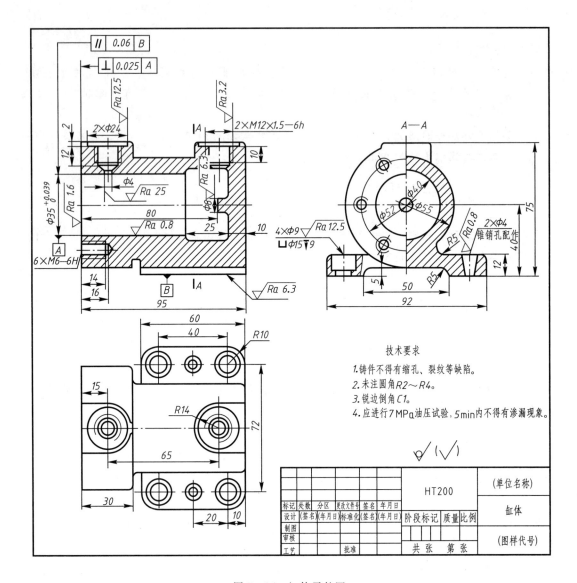

图 7 - 36 缸体零件图

等，并以辅助基准标注了缸体和底板上的定位尺寸 10、20、40，定形尺寸 60、R10。宽度方向尺寸基准是缸体前后对称面的中心线，并标注底板上定位尺寸 72 和定形尺寸 92、50。高度方向的尺寸基准是缸体底面，并标注定位尺寸 40，定形尺寸 5、12、75。

4. 看技术要求

缸体活塞孔 ϕ35 是工作面并要求防止泄漏；圆锥孔是定位面，所以表面粗糙度 Ra 的最大允许值为 0.8；其次是安装缸盖的左端面，为密封面，Ra 的值为 1.6。ϕ35 的轴线与底板安装面 B 的平行度公差为 0.06；左端面与 ϕ35 的轴线垂直度公差为 0.025。因为油缸的工作介质是压力油，所以缸体不应有缩孔，加工后还要进行打压试验。

5. 综合分析

总结上述内容并进行综合分析，对缸体的结构特点、尺寸标注和技术要求等有比较全面的了解。

任务 6　零件测绘的方法

任务描述

零件测绘是对实际零件进行测量、绘制视图、标注尺寸并分析其技术要求的过程，是一个综合性、实践性的学习过程。通过零件测绘，熟悉测绘的一般过程，掌握零件测绘的基本方法和技能；培养严肃认真的工作态度和耐心细致的工作作风。

一、零件的测绘方法和步骤

1. 分析零件

了解零件的用途、材料、制造方法以及与其他零件的相互关系；分析零件的形状和结构；选择主视图，确定表达方案。

2. 画零件草图

零件测绘工作一般多在现场完成，是经目测后徒手画出的。以图 7 - 37 所示的端盖零件为例，绘制步骤为：

图 7 - 37　端盖立体图

（1）定出各视图的位置，画出各视图的中心线、对称面迹线和作图基准线，如图 7 - 38a 所示，注意各视图之间留出标注尺寸的位置。

（2）确定绘图比例，按所确定的表达方案画出零件的内、外结构形状。先画主要形体，后画次要形体；先定位置，后定形状；先画主要轮廓，后画细节，如图 7 - 38b 所示。

（3）选定尺寸基准，按照国家标准画出全部定形、定位尺寸界线、尺寸线。校核后加深图线，如图 7 - 38c 所示。

（4）逐个测量并标注尺寸数值，画剖面符号，注写表面粗糙度代号，填写技术要求和标题栏。

3. 画零件图

画零件图的步骤与画草图类似，绘图过程中要注意：草图中的表达方案不够完善的地方，在画零件图时应加以改进。如果遗漏了重要的尺寸，必须到现场重新测量。尺寸公差、几何公差和表面粗糙度要符合产品要求，应尽量标准化和规范化。

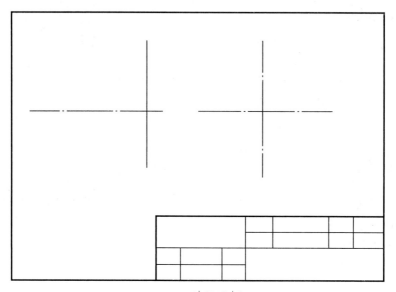

(a)画各视图基准线

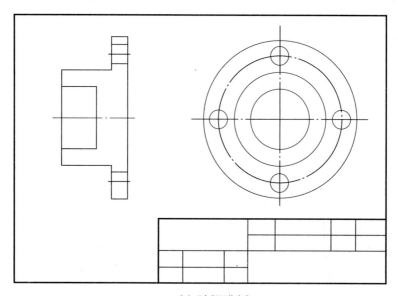

(b) 画各视图轮廓线

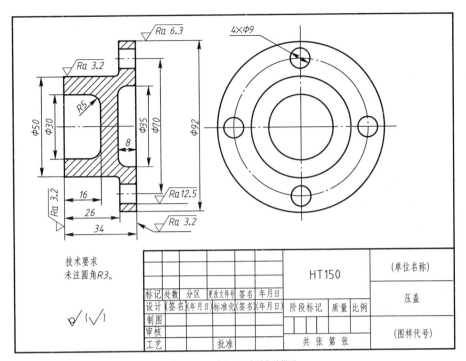

(c) 画尺寸线、尺寸界线并描深

图 7-38 零件图的画法

二、零件尺寸的测量方法

测量尺寸是零件测绘过程中的重要内容，零件上的全部尺寸数值的量取应集中进行，这样不但可以提高工作效率，还可避免错误和遗漏。测量的基本量具有：钢尺，内、外卡钳，游标卡尺和螺纹规等。常用的测量方法：

1. 回转体内外径的测量

回转体内、外径一般用内、外卡钳测量，如图 7-39a 所示，然后再在钢尺上读数。也可用游标卡尺测量，如图 7-39b 所示。

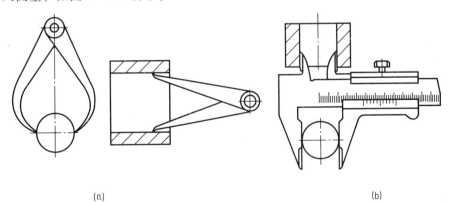

(a)   (b)

图 7-39 直径的测量

2. 直线尺寸的测量

直线尺寸一般可用钢尺或三角板直接量出，如图 7-40 所示。

3. 孔中心距的测量

两孔中心距的测量根据孔间距的情况不同，可用卡尺、直尺或游标卡尺测量，如图 7-41 所示。测量后用式 $A = A_0 + \dfrac{D_1}{2} + \dfrac{D_2}{2}$ 计算。

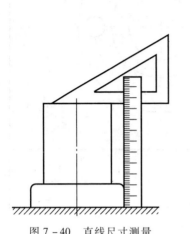

图 7-40　直线尺寸测量　　　　　　　图 7-41　两孔中心距测量

使用卡钳时注意：用外卡钳量取外径时，卡钳所在平面必须垂直于圆柱体的轴线；用内卡钳量取内径时，卡钳所在平面必须包含圆孔的轴线。

三、测量注意事项

① 不要忽略零件上的工艺结构，如铸造圆角、倒角、退刀槽、凸台等。

② 有配合关系的尺寸，可测量出基本尺寸，其偏差应经分析选用合理的配合关系查表得出；对于非配合尺寸或不主要尺寸，应将测得尺寸圆整。

③ 对螺纹、键槽、沉头孔、螺孔深度、齿轮等已标准化的结构，在测得主要尺寸后，应查表采用标准结构尺寸。

小　结

（1）零件图视图选择的方法及步骤：

① 了解零件的功用及其各组成部分的作用，以便在选择主视图时从表达主要形体入手。

② 确定主视图时，要正确选择零件的安放位置和投射方向。

③ 零件形状要表达完全，必须逐个形体检查其形状和位置是否唯一确定。

（2）零件图上尺寸标注的重点是合理性，主要考虑设计要求和工艺要求。正确选择尺寸标注基准，注重设计基准与工艺基准的尽量统一，正确注写技术要求。熟悉尺寸公差标注中公差代号的含义及图中标注的方式、表面粗糙度的各种符号的意义及其在图纸上的标注方法。

（3）读零件图是进行概括了解、具体分析和全面综合的过程，以理解设计意图，进一步分析、联想、归纳，想象出零件的形状。

（4）了解极限与配合的基本概念、配合的种类和配合制度，极限与配合的标注方法。

项目 八

装配图的绘制与识读

知识目标 　(1) 了解装配图的作用和内容；掌握装配图的规定画法、特殊画法和简化画法；

　　　　　(2) 认知装配图中标注的尺寸类型及技术要求；

　　　　　(3) 掌握装配图明细栏填写方法和零件编号方法；

　　　　　(4) 了解装配结构的合理性；

　　　　　(5) 掌握由零件图绘制装配图的方法和步骤；

　　　　　(6) 熟悉读装配图的方法和步骤。

能力目标 　(1) 会按规定画法和特殊画法画装配图及标注尺寸；

　　　　　(2) 具有根据零件图绘制中等难度装配图的能力；

　　　　　(3) 具有识读装配图的能力。

任务 1 　装配图的视图表达方法

任务描述

　　表达机器或部件的结构、工作原理、传动路线和零件装配关系的图样称为装配图。装配图是设计部门提交给生产部门的重要技术文件。在设计、装配、调试、检验、安装、使用和维修机器时，都需要装配图。学习中要掌握装配图的表达方法和绘制步骤；了解装配图中标注的尺寸类型，并正确标注尺寸；学会给零部件编写序号的方法，正确填写明细栏。

一、装配图的作用

装配图是机器设计中设计意图的反映，是机器设计、制造过程中的重要技术依据。装配图的作用有以下几方面：

（1）进行机器或部件设计时，首先要根据设计要求画出装配图，表示机器或部件的结构和工作原理。

（2）生产、检验产品时，是依据装配图将零件装成产品，并按照图样的技术要求检验产品；

（3）使用、维修时，要根据装配图了解产品的结构、性能、传动路线、工作原理等，从而决定操作、保养和维修的方法；

（4）在技术交流时，装配图也是不可缺少的资料。因此，装配图是设计、制造和使用机器或部件的重要技术文件。

二、装配图的内容

图8-1是滑动轴承的装配图，从图中可知装配图应包括以下内容：

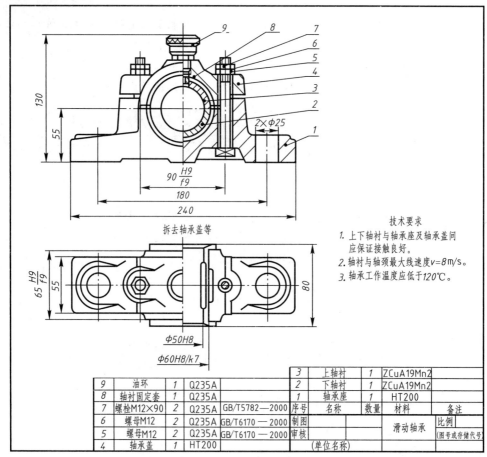

图8-1 滑动轴承的装配图

1. 一组视图

表达各组成零件的相互位置、装配关系和连接方式，部件（或机器）的工作原理和结构特点等。

2. 必要的尺寸

包括部件或机器的规格(性能)尺寸、零件之间的配合尺寸、外形尺寸、部件或机器的安装尺寸和其他重要尺寸等。

3. 技术要求

说明部件或机器的性能、装配、安装、检验、调试或运转的技术要求,一般用文字写出。

4. 标题栏、零部件序号和明细栏

在装配图中对零件进行编号,并在标题栏上方按编号顺序绘制成零件明细栏。

特别提示

识读和绘制装配图时,必须了解部件中主要零件的形状、结构和作用,以及各零件间的相互关系等。

三、装配图的视图表达方法

表达零件结构和形状的方法,在装配图中也完全适用,但装配图是以表达机器或部件的工作原理和主要装配关系为中心,把机器或部件的内部结构、外部形状、相对位置表示出来,因此机械制图国家标准对装配图提出了一些规定画法和特殊的表达方法。

1. 规定画法

为了明显区分每个零件,又要确切地表示出它们之间的装配关系,对装配图的画法作了如下的规定。

(1) 接触面与配合面的画法

相邻两零件接触表面和配合面规定只画一条线,两个零件的基本尺寸不相同套装在一起时,即使它们之间的间隙很小,也必须画出有明显间隔的两条轮廓线,如图 8-2 所示。

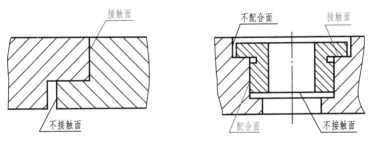

图 8-2　相邻零件接触面的画法

(2) 剖面线的画法

① 同一零件的剖面线在各剖视图、断面图中应保持方向一致、间隔相等。

② 两零件邻接时,不同零件的剖面线方向应相反,或者方向一致、间隔不等,如图8-3所示。

(3) 紧固件和实心零件的画法

对于紧固件和实心零件(如螺钉、螺栓、螺母、垫圈、键、销、球及轴等),若剖切平面通过它们的轴线或对称平面时,则这些零件均按不剖绘制;需要时,可采用局部剖视图,如图 8-3

所示。当剖切平面垂直于这些紧固件或实心件的轴线剖切时，则这些零件应按剖视绘制。

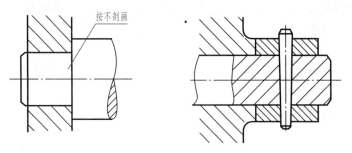

图 8 - 3　装配图中紧固件、实心零件及剖面线的画法

2. 装配图中的特殊表达方法

（1）沿结合面剖切和拆卸画法

假想沿某些零件的结合面剖切或假想将某些零件拆卸以后，绘出其图形，以表达装配体内部零件间的装配情况。如图 8 - 1 中的俯视图，右半部分是采用沿轴承盖与底座的结合面剖开，拆去上面部分以后画出的。零件的结合面不画剖面线，被横向剖切的轴、螺栓或销等要画剖面线。

（2）假想画法

为了表示运动零件的极限位置或相邻零件（或部件）的相互关系，可以用细双点画线画出其轮廓，如图 8 -4 所示，用细双点画线画出了扳手的一个极限位置。

（3）夸大画法

如图 8 -5 所示，对于直径或厚度小于 2 mm 的较小零件或较小间隙，如薄片零件、细丝弹簧等，若按它们的实际尺寸在装配图中很难画出或难以明显表示时，可不按比例而采用夸大画法。

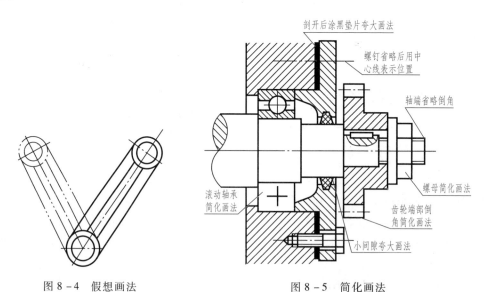

图 8 -4　假想画法　　　　　　图 8 -5　简化画法

（4）简化画法

① 如图 8 -5 所示，装配图上若干个相同的零件组，如螺栓、螺钉的连接等，允许详细地

画出一组，其余只画出中心线位置。

② 装配图上的零件工艺结构，如退刀槽、倒角、倒圆等，允许省略不画。

③ 在装配图中滚动轴承可用规定画法或特征画法表示。

④ 在装配图中，当剖切平面通过的部件为标准件或该部件已有其他图形表示清楚时，可按不剖绘制，如图 8 - 1 中主视图上的油杯 9，就是按不剖绘制的。

四、装配图的尺寸标注

装配图不是制造零件的直接依据。因此，装配图中不需注出零件的全部尺寸，而只需标注出一些必要的尺寸，这些尺寸可分为以下几类：

1. 性能(规格)尺寸

表示机器或部件性能(规格)尺寸，这些尺寸在设计时已经确定，也是设计、了解和选用该机器或部件的依据，如图 8 - 1 中滑动轴承的轴孔直径 $\phi 50H8$。

2. 装配尺寸

装配尺寸包括保证有关零件间配合性质的尺寸、保证零件间相对位置的尺寸、装配时进行加工的尺寸，图 8 - 1 中滑动轴承盖和轴承座的配合尺寸 90H9/f9，轴承盖、轴承座与轴瓦的配合尺寸 $\phi 60H8/k7$、65H9/f9，这些都是零件间相对位置的装配尺寸。

3. 安装尺寸

机器或部件安装到基础或其他部件上时所需的尺寸，如图 8 - 1 中的中心距 180。

4. 外形尺寸

表示机器或部件外形轮廓的大小，即总长、总宽和总高。它是机器或部件在包装运输、安装和厂房设计等不可缺少的数据，如图 8 - 1 中的外形尺寸 240、80、130。

5. 其他重要尺寸

在设计中经过计算而确定的尺寸，如运动零件的极限位置尺寸、主要零件的重要尺寸等，图 8 - 1 中轴承的中心高 55 属于其他重要尺寸。

上述 5 种尺寸在一张装配图上不一定同时都有，有的一个尺寸也可能包含几种含义。应根据机器或部件的具体情况和装配图的作用具体分析，从而合理地标注装配图的尺寸。

五、装配图中的技术要求

装配图上的技术要求主要是针对机器或部件的工作性能、装配及检验要求、调试要求及使用与维护要求所提出的，不同的机器或部件具有不同的技术要求。

特别提示

➤ 装配图不是零件制造的直接依据，在装配图中不需要标注零件的全部尺寸。

➤ 技术要求一般注写在明细表的上方或图纸下部空白处，如果内容很多，也可另外编写成技术文件作为图纸的附件。注写内容根据装配体的需要来确定。

六、装配图中零部件序号的编号

装配图的图形一般较复杂，包含的零件种类和数目也较多，为了便于在设计和生产过程中查阅有关零件，在装配图中必须对每个零件进行编号。

1. 序号的一般规定

（1）装配图中每种零、部件都必须编写序号。同一装配图中相同的零、部件只编写一个序号，且一般只注一次。

（2）零、部件的序号应与明细栏中的序号一致。

（3）同一装配图中编写序号的形式应一致。

2. 编号方法

序号由点、指引线、横线（或圆圈）和序号数字组成。指引线、横线用细实线画出。指引线相互不交错，当指引线通过剖面线区域时应与剖面线斜交，避免与剖面线平行。序号数字比装配图的尺寸数字大一号，如图 8 - 6a 所示；或大两号，如图 8 - 6b 所示；在指引线附近注写序号，序号的字高比该装配图中所注尺寸数字高度大两号，如图 8 - 6c 所示。应注意的是，同一装配图中编写序号的形式应一致。

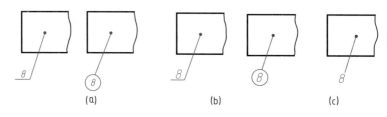

图 8 - 6 零件序号编写形式

3. 序号编写的顺序

零、部件序号应沿水平或垂直方向按顺时针（或逆时针）方向顺次排列整齐，并尽可能均匀分布，如图 8 - 1 所示。

4. 标准件、紧固件的编写

同一组紧固件可采用公共指引线，如图 8 - 7a 所示；标准部件（如油杯、滚动轴承等）在图中被当成一个部件，只编写一个序号。

5. 很薄的零件或涂黑断面的标注

由于薄零件或涂黑的断面内不便画圆点，可在指引线的末端画出箭头，并指向该部分的轮廓，如图 8 - 7b 所示。

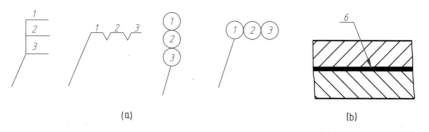

图 8 - 7 公共指引线的形式

七、明细栏填写方法

明细栏是机器或部件中全部零、部件的详细目录，它画在标题栏的上方，当标题栏上方位置不够时，也可续写在标题栏的左方。

GB/T 10609.1—2008 和 GB/T 10609.2—2009 分别规定了标题栏和明细栏的统一格式。图 8-8 为一种推荐用明细栏格式。零件的序号自下而上填写，以便在增加零件时可继续向上画格。明细栏中"代号"栏填写图样中相应组成部分的图样代号或标准号；"名称"栏填写相应组成部分的名称，若为标准件应注出规定标记中除标准号以外的其余内容，如螺钉 M6×8；"材料"栏填写制造该零件所用材料标记，"备注"栏填写必要的附加说明或其他有关重要内容，例如齿轮的齿数、模数等。

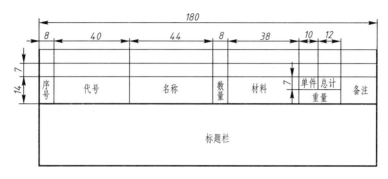

图 8-8　推荐用明细栏格式

八、装配结构的合理性

在设计和绘制装配图的过程中，应该考虑到装配结构的合理性，以保证机器和部件的性能，并给零件的加工和拆、装带来方便。所以在设计绘制装配图时，应考虑合理的装配工艺结构。

1. 轴和孔配合结构

要保证轴肩与孔的端面接触良好，应在孔的接触面制成倒角或在轴肩根部切槽，如图8-9所示。

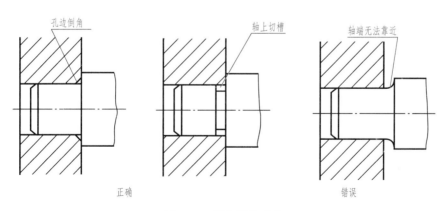

图 8-9　轴与孔的配合

2. 接触面的数量

当两个零件接触时，在同一方向上，只能有一个接触面，这样即可满足装配要求，制造也较方便，如图 8-10 所示。

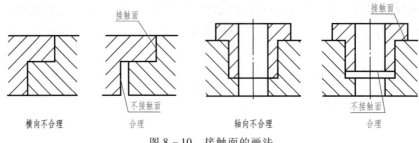

图 8 - 10　接触面的画法

3. 销配合处结构

为了保证两零件在装拆前后不致降低装配精度，通常用圆柱销或圆锥销将零件定位。为了加工和装拆方便，在可能的条件下，最好将销孔做成通孔，如图 8 - 11 所示。

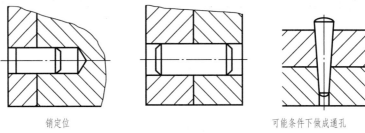

销定位　　　　　　　　　　　　　　　可能条件下做成通孔

图 8 - 11　销配合的结构

4. 紧固件装配结构

为了使螺栓、螺母、螺钉、垫圈等紧固件与被连接表面接触良好，在被连接件的表面应加工成凸台或鱼眼坑等结构，如图 8 - 12 所示。

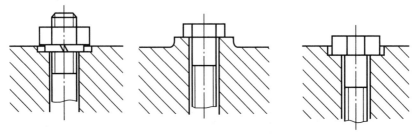

图 8 - 12　紧固件连接处的装配结构

任务 2　由零件图画装配图的方法

　任务描述

设计机器或部件需要画出装配图，测绘机器或部件时先画出零件草图，再根据零件草图拼画成装配图。画装配图之前，先了解装配体的工作原理和零件的种类，每个零件在装配体中的功能和零件间的装配关系等，然后看懂零件图，想象出零件的结构形状。在绘制部件装配图时，应把装配关系和工作原理表达清楚。

以图 8-13 所示的齿轮油泵为例，说明画装配图的方法和步骤。

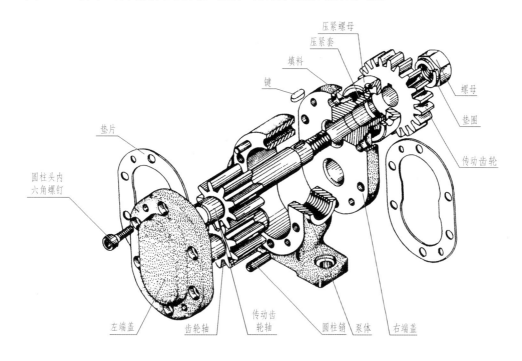

图 8-13　齿轮油泵装配关系图

一、了解部件的装配关系

齿轮油泵主要由泵体、传动齿轮轴、齿轮轴、齿轮、端盖和一些标准件组成。在看懂零件结构形状的同时，应了解各零件之间的相互位置及连接关系。

二、了解部件的工作原理

齿轮油泵的工作原理如图 8-14 所示，当主动齿轮旋转时，带动从动齿轮旋转，在两个齿轮的啮合处，由于轮齿瞬时脱离啮合，使泵室右腔压力下降产生局部真空，油池内的液压油便在大气压力作用下，从吸油口进入泵室右腔的低压区，随着齿轮的转动，由齿间将油带入泵室左腔，并使油产生压力经出油口排出。

三、视图选择

1. 装配图的主视图选择

（1）一般将机器或部件按工作位置或习惯位置放置。

（2）主视图选择应能尽量反映出部件的结构特征。即装配图应以工作位置和清楚反映主要装配关系、工作原理、主要零件的形状的那个方向作为主视图方向。

2. 其他视图的选择

其他视图主要是补充主视图的不足，进一步表达装配关系和主要零件的结构形状。其他视

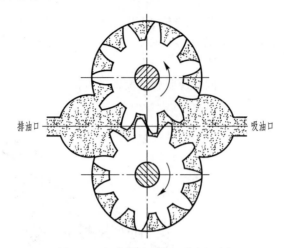

图 8 - 14　齿轮油泵的工作原理图

图的选择考虑以下几点：

（1）分析还有哪些装配关系、工作原理及零件的主要结构形状还没有表达清楚，从而选择适当的视图及相应的表达方法。

（2）尽量用基本视图和在基本视图上作剖视来表达有关内容。

（3）合理布置视图，使图形清晰，便于看图。

特别提示

➤ 画装配图与画零件图的方法步骤类似，主要不同点是要从装配体的整体结构、工作原理出发，确定合理的表达方案。

➤ 主视图的选择，一般应符合装配体的工作位置，并尽量多地反映装配体的工作原理和零件之间的装配关系。

➤ 装配图一般都要画成剖视图，以使零件的位置关系和装配关系表达清楚。

四、画装配图的步骤

1. 确定图幅

根据部件的大小、视图数量，选取适当的画图比例，确定图幅的大小。然后画出图框，留出标题栏、明细栏和填写技术要求的位置。

2. 布置视图

画各视图的主要轴线、中心线和定位基准线。并注意各视图之间留有适当间隔，以便标注尺寸和进行零件编号。

3. 画主要装配线

从主视图开始，按照装配干线，从传动齿轮开始，由里向外画，如图 8 - 15 所示。

4. 完成装配图

校核底稿，进行图线加深，画剖面线、尺寸界线、尺寸线和箭头；编注零件序号，注写尺寸数字，填写标题栏和技术要求。

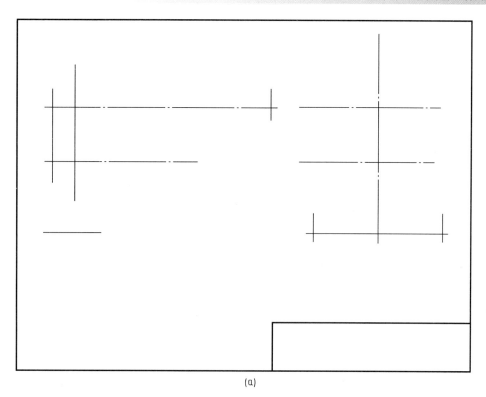

(a)

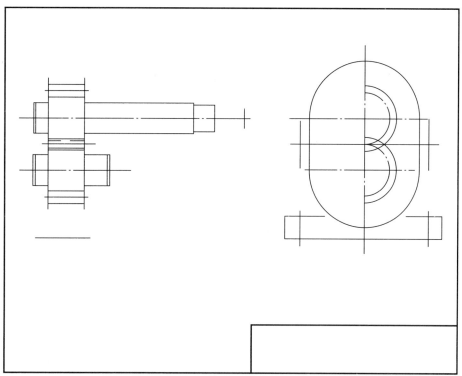

(b)

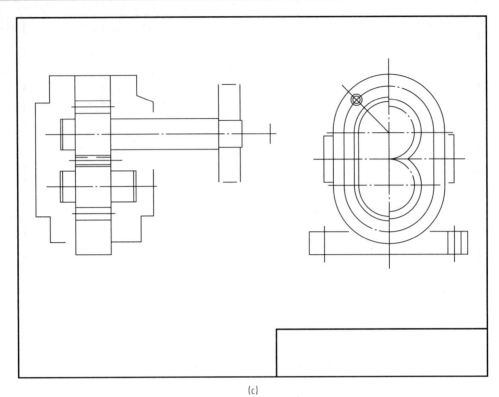

(c)

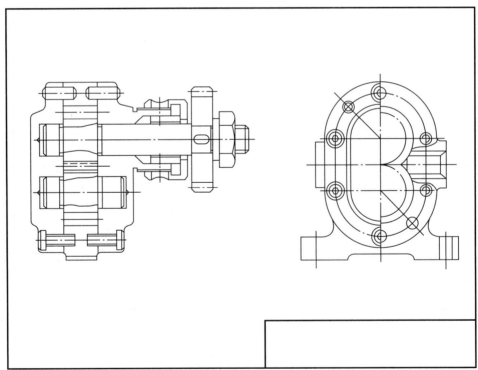

(d)

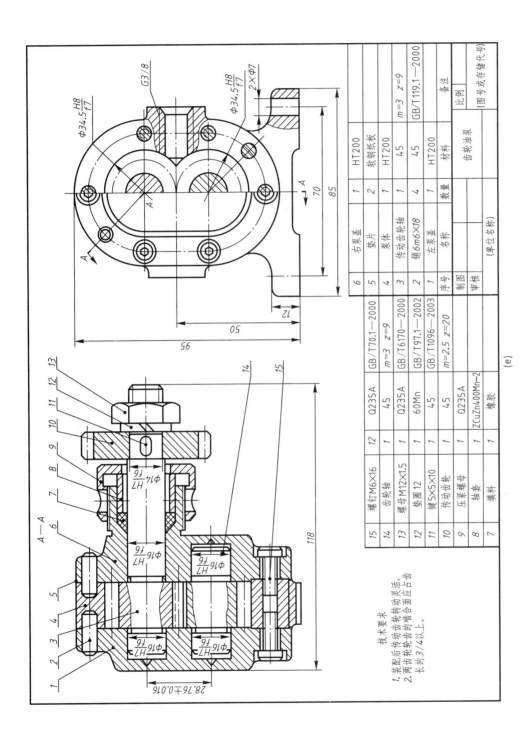

技术要求
1. 装配后传动齿轮转动应灵活。
2. 两齿轮齿的啮合齿面应占齿长的 3/4 以上。

15	螺钉M6×16	12	Q235A	GB/T70.1—2000
14	齿轮轴	1	45	$m=3$ $z=9$
13	螺母M12×1.5	1	Q235A	GB/T6170—2000
12	垫圈12	1	60Mn	GB/T97.1—2002
11	键5×5×10	1	45	GB/T1096—2003
10	传动齿轮	1	45	$m=2.5$ $z=20$
9	压紧螺母	1	Q235A	
8	轴套	1	ZCuZn400Mn-2	
7	填料	1	橡胶	

6	右泵盖	1	HT200	
5	垫片	2	软钢纸板	
4	泵体	1	HT200	
3	传动齿轮轴	1	45	$m=3$ $z=9$
2	销6m6×18	4	45	GB/T119.1—2000
1	左泵盖	1	HT200	
序号	名称	数量	材料	备注
制图			齿轮油泵	比例
审核				(图号或存储代号)

(单位名称)

(e)

图 8-15　装配图的画法

思考

装配图中零件的剖面符号应该怎么画？

任务3　装配图的识读

任务描述

识读装配图就是要对图中的视图、符号和文字进行分析，了解设计者的设计意图和要求。作为工程技术人员，必须具备识读装配图的能力，掌握读装配图的一般步骤和基本方法，并且在读懂装配图的基础上拆画零件图。

一、读装配图的目的

在设计机器或部件、装配机器，使用、维修机器及学习先进技术时，都会遇到读装配图问题，读装配图的目的是：

① 了解部件的工作原理、性能和功能。

② 明确部件中各个零件的作用和它们之间的相对位置、装配关系及拆装顺序。

③ 读懂主要零件及其他有关零件的结构形状。

二、读装配图的步骤和方法

1. 概括了解

看标题栏了解部件的名称，对于复杂部件可通过说明书或参考资料了解部件的构造、工作原理和用途。

看零件编号和明细栏，了解零件的名称、数量和它在图中的位置。

2. 分析视图

分析各视图的名称及投射方向，弄清剖视图、断面图的剖切位置，从而了解各视图表达意图和重点。

3. 分析装配关系、传动关系和工作原理

分析各条装配干线，弄清各零件间相互配合的要求，以及零件间的定位、连接方式、密封等问题。再进一步搞清运动零件与非运动零件的相对运动关系。

4. 分析零件、读懂零件的结构形状

分析零件是读装配的再次深入，重点分析主要的、复杂的零件。为了弄清零件的结构形状，首先要从装配图中将零件轮廓从各视图中分离出来，再在各视图中借助零件剖面符号找到该零件的投影，然后通过各视图的投影关系，分析想象出零件的结构形状。

三、读装配图举例

以图8-16所示旋塞装配图为例进行读图。

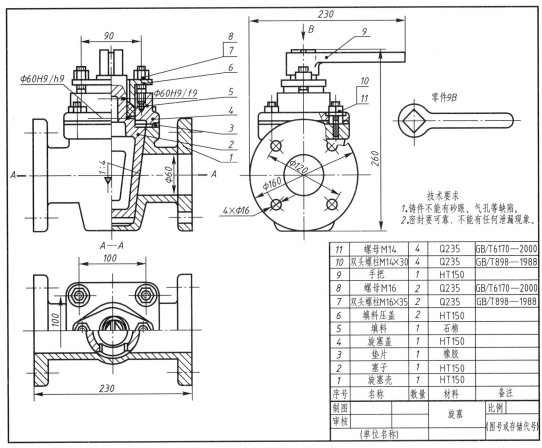

图 8 - 16 旋塞的装配图

11	螺母M14	4	Q235	GB/T6170—2000
10	双头螺柱M14×30	4	Q235	GB/T898—1988
9	手把	1	HT150	
8	螺母M16	2	Q235	GB/T6170—2000
7	双头螺柱M16×35	2	Q235	GB/T898—1988
6	填料压盖	2	HT150	
5	填料	1	石棉	
4	旋塞盖	1	HT150	
3	垫片	1	橡胶	
2	塞子	1	HT150	
1	旋塞壳	1	HT150	
序号	名称	数量	材料	备注
制图			旋塞	比例
审核				（图号或存储代号）
	（单位名称）			

技术要求
1. 铸件不能有砂眼、气孔等缺陷。
2. 密封要可靠，不能有任何泄漏现象。

1. 概括了解

由标题栏知，该部件是旋塞；由明细栏知它共有 11 种零件，是较为简单的部件。从图中所注性能规格尺寸，结合生产实际知识和产品说明书等有关资料，可了解该部件的用途、适用条件和规格。它是连接在管路上，用来控制液体流量和启闭的装置。主视图中左右两个 $\phi 60$ 的孔为其特性尺寸，它决定旋塞的最大流量。

2. 分析视图

旋塞采用三个基本视图和一个零件的局部视图。主视图用半剖视图表达主要装配干线的装配关系，同时也表达部件外形；左视图用局部剖视图表达旋塞壳与旋塞盖的连接关系和部件外形；俯视图是 A—A 半剖视图，既表达部件内部结构，又表达旋塞盖与旋塞壳连接部分的形状。为使塞子上部表达得更清晰，在主视图与俯视图中采用了拆卸画法。还用单个零件的表示方法表达手把的形状，如图中的零件 9B。

3. 分析装配关系、传动关系和工作原理

图中旋塞壳左右有液体的进出口，塞子和旋塞壳靠锥面配合。塞子的锥体上有一个梯形通孔，当处于图示位置时，旋塞壳的液体进出孔被塞子关闭，液体不能流通。如果将手把转动某一角度，塞子也随同转动同一角度，塞子锥体上的梯形通孔与旋塞壳上的液体进出孔接通，液体可以流过。手把转动角度增大，液体的流量增加。转动手把就能起到控制液体流量的作用。

零件间的装配关系要从装配干线最清楚的视图入手，主视图反映了旋塞的主要装配关系，由该视图中的 $\phi60H9/f9$、$\phi60H9/h9$ 分别表示填料压盖与旋塞盖、塞子与旋塞盖之间的配合关系，手把带动塞子转动的运动关系，紧固件分别反映填料压盖与旋塞盖、旋塞盖与旋塞壳的连接关系。各紧固件的相对位置在主视图和俯视图表达出来。

旋塞盖与旋塞壳连接后，为防止液体从结合面渗漏，装有垫片起密封作用，垫片套在旋塞盖的子口上，便于装配和固定。塞子和旋塞盖的密封靠填料函密封结构实现。

4. 分析零件的结构形状

根据装配图，分析零件在部件中的作用，并通过构形分析确定零件各部分的形状。先看主要零件，再看次要零件；先看容易分离的零件，再看其他零件；先分离零件，再分析零件的结构形状。

（1）由明细栏中的零件序号，从装配图中找到该零件所在位置。如图中的旋塞盖其序号为 4，再由装配图中找到序号 4 所指的零件。

（2）利用投影分析，根据零件的剖面线倾斜方向和间隔，确定零件在各视图中的轮廓范围，并可大致了解构成该零件的简单形体。

（3）综合分析，确定零件的结构形状。

5. 总结归纳

主要是在对机器或部件的工作原理、装配关系和各零件的结构形状进行分析之后。还应对所注尺寸和技术要求进行分析研究，从而了解机器或部件的设计意图和装配工艺性能等，并弄清各零件的拆装顺序。经归纳总结，加深对机器或部件的全面认识，完成读装配图，并为拆画零件图打下基础。

特别提示

读装配图是本章的重点内容，在以后的工作中经常要读图，遇到难点和问题的时候，要随时复习学过的知识，反复地拿一些相关的图纸多实践，就能提高读图能力。

四、由装配图拆画零件图

由装配图拆画零件图，简称为拆图。拆图的过程也是继续设计零件的过程，它是在看懂装配图的基础上进行的一项内容。装配图中的零件类型可分为以下几种：

1. 标准件

标准件一般属于外购件，不画零件图。按明细栏中标准件的规定标记，列出标准件即可。

2. 借用零件

借用零件是借用定型产品上的零件，这类零件可用定型产品的已有图样，不拆画。

3. 重要设计零件

重要零件在设计说明书中给出这类零件的图样或重要数据，此类零件应按给出的图样或数据绘图。

4. 一般零件

这类零件是拆画的主要对象，现以图 8-16 中的旋塞盖为例，说明由装配图拆画零件图的方法和步骤。

（1）分离零件

在看装配图时，已将零件分离出来，且已基本了解零件的结构形状，现将其他零件从中卸掉，恢复旋塞盖被挡住的轮廓和结构，即可得到旋塞盖完整的视图轮廓，如图 8-17 所示。

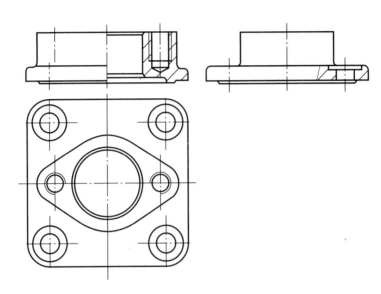

图 8-17 旋塞盖的三个视图

（2）确定零件的视图表达方案

装配图的表达是从整个部件的角度来考虑的，因此装配图的方案不一定适合每个零件的表达需要，这样在拆图时，不宜照搬装配图中的方案，而应根据零件的结构形状，进行全面的考虑。有的对原方案只需作适当调整或补充，有的则需重新确定。

如旋塞盖，在主视图中的位置，既反映其工作位置，又反映其形状特征，所以这一位置仍作为零件图的主视图。而旋塞盖的方盘及上部端面形状、方盘上的四个螺柱孔的位置和深度未表达清楚，因此还需要局部视图和俯视图表达，但左视图已无必要，经分析后确定的视图表达方案如图 8-18 所示。

（3）零件尺寸的确定

装配图中已标注的零件尺寸都应移到零件图上，凡注有配合的尺寸，应根据公差代号在零件图上注出公差带代号或极限偏差数值。

（4）拆画零件图应注意的问题

① 在装配图中允许不画的零件的工艺结构如倒角、圆角、退刀槽等，在零件图中应全部画出。

② 零件的视图表达方案应根据零件的结构形状确定，而不能盲目照抄装配图。要从零件的整体结构形状出发选择视图。箱体类零件主视图应与装配图一致；轴类零件应按加工位置选

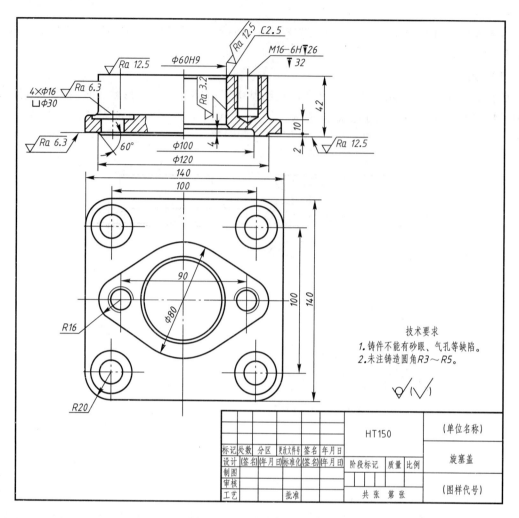

图 8 - 18 旋塞盖的零件图

择主视图；叉架类零件应按工作位置或摆正后选择主视图。其他视图应根据零件的结构形状和复杂程度来选定。

③ 装配图中已标注的尺寸，是设计时确定的重要尺寸，不应随意改动，零件图的尺寸，除在装配图中注出者外，其余尺寸都在图上按比例直接量取。对于标准结构或配合的尺寸，如螺纹、倒角、退刀槽等要查标准注出。

④ 标注表面结构、公差配合、形位公差等技术要求时，要根据装配图所示该零件在机器中的功用、与其他零件的相互关系，并结合自己掌握的结构和制造工艺方面知识而定。

五、读、拆、画装配图综合举例

以图 8 - 19 所示的快速阀装配图为例进行分析。

1. 概括了解

从有关资料中可知快速阀是用于管道截通的装置，它不同于一般的阀，具有快速运动的机构，能实现快速截通的功能。从明细栏知，此部件由 14 种普通零件和 9 种标准件组成。

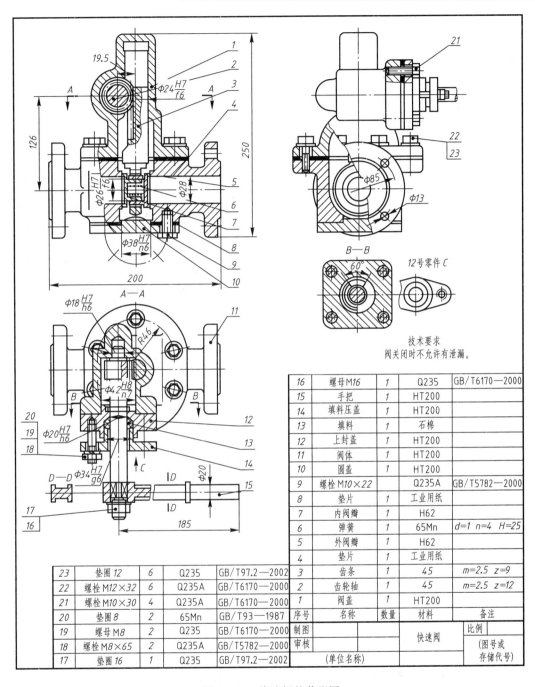

图 8-19 快速阀的装配图

16	螺母M16	1	Q235	GB/T6170—2000
15	手把	1	HT200	
14	填料压盖	1	HT200	
13	填料	1	石棉	
12	上封盖	1	HT200	
11	阀体	1	HT200	
10	圆盖	1	HT200	
9	螺栓M10×22		Q235A	GB/T5782—2000
8	垫片	1	工业用纸	
7	内阀瓣	1	H62	
6	弹簧	1	65Mn	$d=1$ $n=4$ $H=25$
5	外阀瓣	1	H62	
4	垫片	1	工业用纸	
3	齿条	1	45	$m=2.5$ $z=9$
2	齿轮轴	1	45	$m=2.5$ $z=12$
1	阀盖	1	HT200	
序号	名称	数量	材料	备注

23	垫圈12	6	Q235	GB/T97.2—2002
22	螺栓M12×32	6	Q235A	GB/T6170—2000
21	螺栓M10×30	4	Q235A	GB/T6170—2000
20	垫圈8	2	65Mn	GB/T93—1987
19	螺母M8	2	Q235	GB/T6170—2000
18	螺栓M8×65	2	Q235A	GB/T5782—2000
17	垫圈16	1	Q235	GB/T97.2—2002

2. 分析视图

快速阀采用了六个视图，主视图采用局部剖，表达大部分内部结构，留局部外形；俯视图为沿齿轮轴的全剖视；左视图用了两个局部剖，大局部剖是沿内阀瓣与阀体结合面剖切，表达阀体内形，小局部剖表示连接方式；"B—B"剖视图表达上封盖与齿轮轴的关系及阀盖前凸缘结构；"12号零件C"视图表达封盖凸台结构；"D—D"剖视图表示手把断面形状。

3. 分析装配关系和工作原理

从主视图中看出齿轮与齿条啮合带动齿条上下运动，使内、外阀瓣抬起、落下，当抬起时阀体左右的 $\phi28$ 孔被打通，当落下时被关闭。内、外阀瓣互套在一起，内装弹簧的作用是使阀瓣的两端面始终与阀体孔内侧面接触。从俯视图中看出齿轮轴两端分别支承在阀盖和上封盖上，搬动手把使齿轮轴转动。拧紧螺母可使填料压盖压紧填料，起防漏作用。

4. 分析零件结构形状

分析阀体零件：由主视图和左视图看出该零件前后、左右对称，中间容纳阀瓣的空间为上方下圆的柱形，左右有 $\phi28$ 孔道及法兰盘，下边有 $\phi38$ 通孔。从 9 号零件圆盖可联想下凸台为圆柱形，有四个 M10 的螺孔；同理上边有与阀盖的下连接板形状完全相同的连接板。该零件中间主体外形较难想象，需用线面分析法来看图，最后综合想象出阀体的形状如图 8 - 20 所示。

5. 确定零件的视图表达方案

阀体零件的主视图方向与装配图主视图方向一致，再画出俯视图和左视图，由于此零件为箱体类零件，三个视图均采用半剖视表达内外形结构，如图 8 - 21 所示。

图 8 - 20 阀体的轴测图

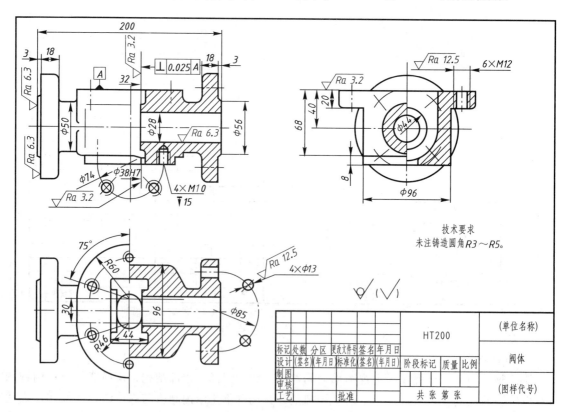

图 8 - 21 阀体的零件图

6. 标注拆画零件的尺寸

阀体抄注 $\phi28$、$\phi38H7$、200、$R46$、$\phi13$、$\phi85$。根据零件图的要求标注全各类尺寸。

7. 技术要求的标注

表面粗糙度的标注，可根据同类产品资料类比确定或根据经验值标注。有相对运动或配合的表面 Ra 值应小于 3.2 μm，有密封要求的表面 Ra 值应小于 6.3 μm，不重要的表面 Ra 值为 12.5 μm。技术要求中可简单地说明未注铸造圆角、热处理等要求。

其他零件的零件图如图 8-22~图 8-26 所示。

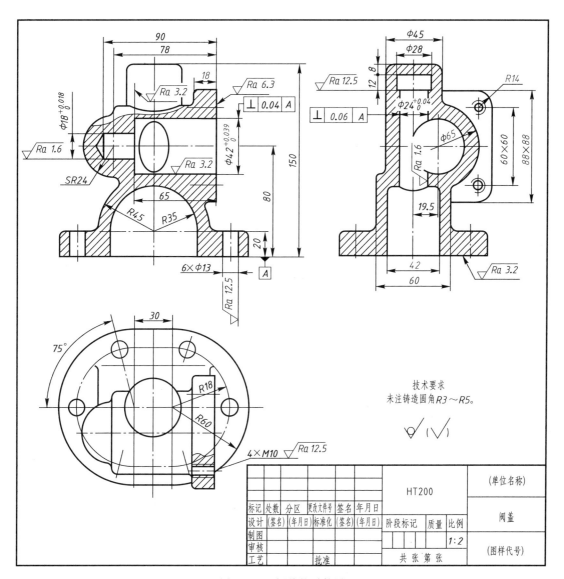

图 8-22　阀盖的零件图

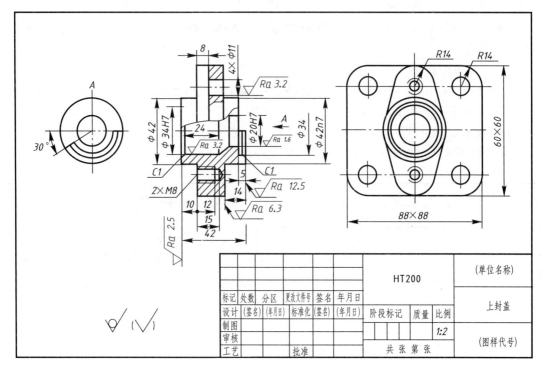

图 8-23 上封盖的零件图

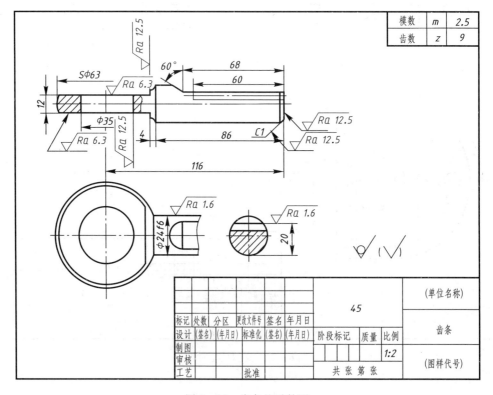

图 8-24 齿条的零件图

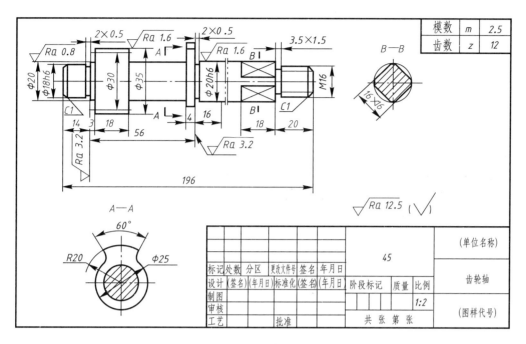

图 8 – 25　齿轮轴的零件图

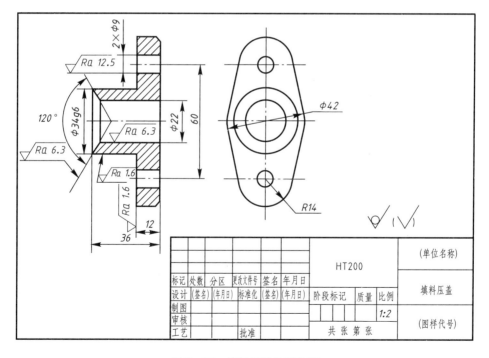

图 8 – 26　填料压盖的零件图

（1）装配图的内容包括：一组视图、必要的尺寸、技术要求、标题栏及明细栏等。

（2）画装配图时，应按机器或部件的工作位置或机器放正后以最能表达各零件间的装配关系、工作原理、运动情况和重要零件的主要结构表达清楚等为原则选择主视图，其他视图对主视图进行补充，来满足表达要求。

（3）读装配图时，要对其进行大概了解，看懂装配关系和工作原理，进而了解各零件的作用，分离零件并想象出零件的结构形状。通过拆画零件图，提高读图和画图的能力。

（4）装配图中标注的尺寸主要是性能规格尺寸、装配尺寸、安装尺寸和外形尺寸等，不需要把所有零件的尺寸都标出。

（5）装配图中必须给每个零件编号，并填写明细栏，以便于工程管理和资料查阅。

项目 九

计算机绘图基本技能训练

知识目标　(1) 熟悉计算机绘图的基本原理、基本方法；
　　　　　(2) 熟悉 CAD 绘制零件图的步骤及方法；
　　　　　(3) 熟练运用 CAD 绘图命令。

能力目标　能正确使用 CAD 命令绘制零件图、装配图和相关专业图。

任务 1　计算机绘图的基本原理

 任务描述

计算机图形学是利用计算机研究图形的表示、生成、处理和显示的科学。计算机绘图是计算机图形学在工程领域的应用，是 CAD 技术的主要组成部分。用计算机绘制工程图已成为现代工程设计的必备手段，它几乎可以绘制所有的生产和科研领域中的图形，具有出图速度快、作图精度高、便于管理、检索、修改、交流和保存等优点。学习中要了解计算机绘图系统的功能和组成。

一、计算机绘图系统的功能

一个计算机绘图系统应具有计算、存储、对话、输入和输出的基本功能。

（1）计算功能　包括形体设计、分析的算法程序和描述形体的数据库。最基本的应有点、线、面的表示及几何变换等内容。

（2）存储功能　在计算机的存储器上能存放图形数据，尤其要存放形体几何元素之间的连接关系以及各种属性信息，并可基于设计人员的要求对有关信息进行实时检索、变换、增加、删除、修改等操作。

（3）对话功能　通过图形显示器直接进行人机对话。

（4）输入功能　把图形设计和绘制过程中所需的有关定位尺寸、定形尺寸及必要的参数和命令输入到计算机中去。

（5）输出功能　绘图系统应具有文字、图形等的输出功能。

二、计算机绘图系统的组成

计算机绘图系统由计算机加上图形输入输出设备和有关的系统及图形软件集合而成。常见的微机绘图系统的硬件组成如图 9－1 所示。微机系统的基本支撑软件一般有 DOS 操作系统、Windows、程序设计语言和图形软件。

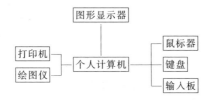

图 9－1　微机系统的组成

三、AutoCAD 绘图软件包简介

AutoCAD 是美国 Autodesk 公司推出的从事计算机辅助设计的通用软件包，是一个易于学习和使用的绘图软件，已被广泛用于教学、科研、生产领域。其主要功能有：

（1）AutoCAD 采用人机交互方式，用户不必熟记单词繁多的"命令"，AutoCAD 提供给用户一系列的菜单命令，用户只需输入命令及相应数据即可画出所需图形。

（2）图形绘制、编辑功能强。AutoCAD 提供了多种绘图工具，可方便地绘制直线、圆、圆弧、椭圆、圆环、正多边形等图形实体。还可以对绘制的图形进行旋转、移动、复制、修剪、延伸、删除、镜像、缩放等图形编辑操作。还能通过定义图块，在不同的图纸上调用。能方便地标注尺寸、编写文字说明。

（3）AutoCAD 提供了多种辅助绘图工具，在有限的屏幕范围内可绘制各种规格的图纸，并能在图上准确定位，使用不同的线型绘制图形。

（4）适用于多种运行环境，AutoCAD 能在多种微机上使用，支持多种图形设备，绘制的图形可在绘图仪或打印机上输出。

（5）提供了强大的二次开发功能。AutoCAD 是一全开放的结构，用户可以在 AutoCAD 上进行二次开发，编制各种专业绘图软件。

以 AutoCAD 2012 为软件环境学习如何使用 AutoCAD 绘制工程图样，在此基础上可以举一反三掌握其他更高版本的 AutoCAD 操作。

任务 2　用 AutoCAD 绘制工程图

任务描述

用 AutoCAD 绘图，就是调用 CAD 中的绘图命令和编辑命令进行绘图和编辑的过程。本任务是一个实践训练的环节，通过练习要熟悉 AutoCAD 的工作界面，掌握基本操作和绘图工具的使用，达到熟练绘制工程图的目的。

一、启动 AutoCAD

安装了 AutoCAD 之后（不论哪个版本），就会在 Windows 桌面生成一个快捷图标，双击此图标可进入 AutoCAD，然后单击［文件］→［新建］，打开"选择样板"对话框，屏幕状态如图 9 - 2 所示。在该对话框中，选择对应的样板后，单击［打开］按钮，系统会以所选择的样板为模板建立图形文件，就可以开始画图了。

图 9 - 2　AutoCAD 的屏幕状态

二、AutoCAD 的窗口

用户通过 AutoCAD 的窗口进行各种操作，图 9 - 3 所示为 AutoCAD 2012 窗口的组成。

（1）绘图窗口　是用户在屏幕上作图的区域。在此区域内还有一个十字光标，移动鼠标或按键盘上的箭头键可以改变它的位置。

（2）菜单栏　菜单栏是一系列命令列表，可利用其执行 AutoCAD 的大部分命令。单击菜单栏中的某一项，会弹出相应的下拉菜单，再单击要执行的某一命令，就能进行相应的操作。

（3）工具条　AutoCAD 2012 提供了 40 多个工具条，每一个工具条上均有一些形象化的按钮。单击某一按钮，可以启动 AutoCAD 的对应命令。用户可以根据需要打开或关闭任一个工具条。方法是：在已有工具栏上右击，AutoCAD 弹出工具栏快捷菜单，通过其可实现工具条的打开与关闭。

（4）命令窗口　AutoCAD 将用户输入的命令显示在此区域内，执行命令后，在此显示该命令的提示。它是人机对话的窗口，画图时要随时注意这里的提示。

（5）状态栏　状态栏用于显示或设置当前的绘图状态。状态栏上位于左侧的一组数字反映当前光标的坐标，其余按钮从左到右分别表示当前是否启用了捕捉模式、栅格显示、正交模式、极轴追踪、对象捕捉、对象捕捉追踪、动态 UCS（用鼠标左键双击，可打开或关闭）、动态输入等功能以及是否显示线宽、当前的绘图空间等信息。

（6）快速访问工具栏　可以快速访问频繁使用的工具。

（7）"工作空间"工具栏　提供了四种工作空间，分别为草图与注释、三维基础、三维建模和 AutoCAD 经典。单击"工作空间"工具栏的下拉按钮，打开"工作空间"的下拉列表，会出现四种典型工作空间的选择。我们选择 AutoCAD 经典工作空间，该工作空间在风格上与 Windows 保持一致，注意保持与以前版本的连续性。

图 9-3　AutoCAD 2012 的窗口

三、AutoCAD 命令输入方法

在 AutoCAD 的图形编辑状态下，命令的输入方法有以下几种：

（1）命令按钮法　AutoCAD 在屏幕上打开的工具条上的每一个图形符号就是一个命令按钮，单击某一按钮，就执行该按钮对应的命令。

（2）下拉菜单法　AutoCAD 的菜单折叠在屏幕的上部，单击某一选项后打开，所以称为下拉菜单。

（3）键盘输入法　在命令提示符 Command：下，用户从键盘输入 AutoCAD 的命令，然后按空格或回车键，便可执行该命令。

（4）重复执行命令　按回车键可重复执行刚执行完的命令。

四、使用 AutoCAD 绘制零件图和装配图

1. 绘制零件图

AutoCAD 具有很强的绘图和编辑功能，可画出各种图形。下面以示例给出绘制零件图的大致步骤。

画出图 9 – 4 所示的零件图。

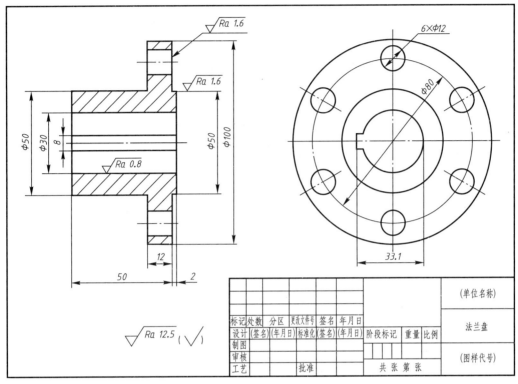

图 9 – 4 联轴器左法兰盘的零件图

（1）分析零件特点，确定表达方案。该零件属于轮盘类零件，零件结构比较简单，选用主、左两个视图表达零件的内外结构形状，主视图采用全剖视图，表达内部结构形状；左视图采用视图，表达外形结构特点。

（2）设置绘图环境，包括选择绘图使用的长度单位、测量精度、图纸大小等。

（3）根据零件的结构特点，进行形体分析，将其分为几个基本形体，确定各部分的作图顺序，每一部分采用什么样的命令进行作图等。图例中的法兰盘按主视图、左视图的顺序画图。主视图主要利用画线命令，左视图根据"高平齐"，通过画水平构造线，画出左视图的外形轮廓。

（4）设置图层 图层的选择应根据 AutoCAD 关于线型显示与绘图输出的特点来考虑，一个图层可以定义一种线型及颜色，不同的线型要画在不同的图层上。本例中图层的设置见表 9 – 1。

表 9 – 1 图 层 设 置

图 线 名	图 层 名	图 线 颜 色	线 型
粗实线	FUL	White	Continuous
细实线	THI	Blue	Continuous
中心线	CEN	Yellow	Center
尺寸标注	DIM	Red	Continuous

（5）画各视图的轮廓线

① 画主视图。

使中心线层为当前层，单击正交按钮，打开正交工具，利用画线命令，画出中心线，如图 9 - 5a 所示。

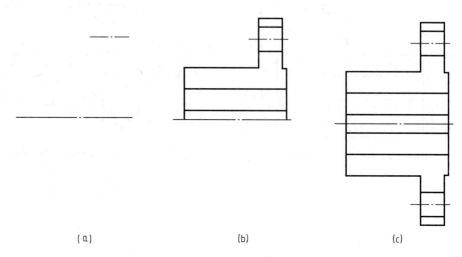

（a）   （b）   （c）

图 9 - 5 主视图的画法

使粗实线层为当前层，绘制轮廓线。因为法兰盘为对称结构图形，先完成上半部分图形，然后利用镜像命令完成下半部分图形。

Command：_ Line Specify first point：（用鼠标在中心线上点取一点）

Specify next point or[Undo]： ＜Ortho on＞25（单击正交按钮使其凹下，打开正交工具，向上拉出一直线，输入长度）

Specify next point or[Undo]：38（向右输入长度）

Specify next point or[Undo]：25（向上输入长度）

Specify next point or[Undo]：12（向右输入长度）

Specify next point or[Undo]：25（向下输入长度）

Specify next point or[Undo]：2（向右输入长度）

Specify next point or[Undo]：25（向下输入长度）

Specify next point or[Undo]：Enter（结束命令）

利用偏移命令绘制内孔线条。

Command：_ offset

Specify offset distance or [through] ＜10.000＞：10（输入偏移距离，$\phi50$ 与 $\phi30$ 之间的距离）

Select object to offset or ＜exit＞：（选择要偏移的对象）

Specify point on side to offset：（在选择的线段下方单击）

同理可画出其他线段，如图 9 - 5b 所示。

利用镜向命令，画出下半部分。

Command：_ mirror Specify opposite corner：9 found（用窗口方式选择图 9 - 5b 所示除中心线外的图线）

Select object：Enter

Select first point of mirror line：（捕捉中心线的一个端点）

Select second point of mirror line：（捕捉中心线的另一个端点）

Delete source object？[Yes/No]＜N＞：Enter（不删除源对象）

绘制的图形如图 9-5c 所示。

② 画左视图。

首先根据"高平齐"画左视图的中心线。由于左视图中主要是圆形，利用画圆命令即可画出图形。

Command：_ circle Specify center point for circle or[3P/2P/Ttr(tan tan radius)]：（用鼠标单击中心线交点）

Specify radius of circle or [Diameter]：40（输入圆半径，画出 φ80 的细点画线圆）

将粗实线层设置为当前层，重复执行命令，画出 φ30、φ50、φ100 和 φ12 圆，如图 9-6 所示。6 个 φ12 的小圆用环形阵列命令完成。

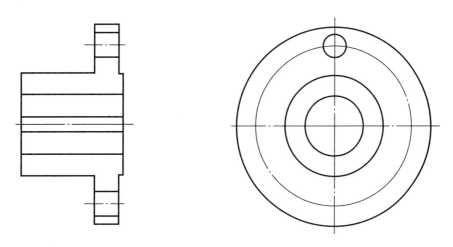

图 9-6　左视图的画法

Command：_ array

Select objects：Specify opposite corner：2 found（选择小圆和垂直中心线）

Select objects：Enter

Enter the type of array [Rectangular/Polar]＜R＞：P（调用 Polar 选项，生成环形阵列）

Specify center point of array：（捕捉大圆心作为阵列中心）

Enter the number of items in the array：6（生成相同结构的个数）

Specify the angle to fill(+ = ccw, - = cw)＜360＞：（使小圆均布在整个圆周上）

Rotate array objects？[Yes/No]＜Y＞：（生成阵列时旋转阵列对象），将图中长出的中心线用修剪命令进行修剪，结果如图 9-7 所示。

键槽用画线命令。

Command：_ Line

Line Specify first point：（单击 FROM 捕捉按钮 ）

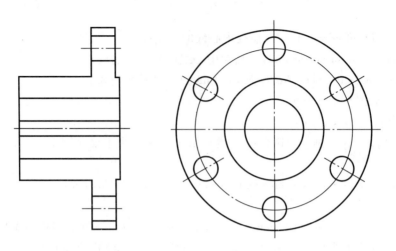

图 9 - 7　左视图阵列圆的画法

Line Specify first point：_ from Base point：（捕捉 A 点，φ30 圆的左端点作为基准点）

Line Specify first point：_ from Base point：＜Offset＞：@ － 3.1，4（输入相对于基准点的相对坐标）

Specify next point or［Undo］：＜Ortho on＞（打开正交方式，画出线段）同样方法即可画出键槽，如图 9 - 8 所示。

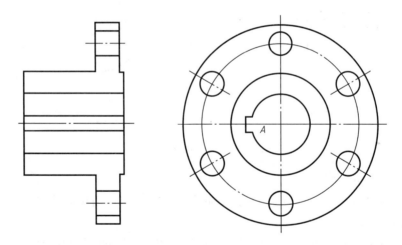

图 9 - 8　左视图键槽的画法

主视图为剖视图，要进行图案填充，单击图案填充命令，显示［Boundary Hatch］对话框，从［Pattern］下拉表中选择"ASN31"样式。在［Scale］文本框中，输入剖面线之间的间隔比例为"1"。在［Angle］文本框中，输入剖面线旋转角度"0"。单击"Pick Points"按钮，系统隐去对话框，选择要填充的区间，选择完后，按回车键，返回对话框，单击 OK 按钮，完成剖面线填充，最后图形如图 9 - 4 所示。

（6）标注尺寸　尺寸标注要在一个单独的图层上，便于管理。标注尺寸前要先设置尺寸样式，尺寸标注样式在［Dimension Style Manager］对话框中完成。调出尺寸标注命令，即可按需要进行尺寸标注。

（7）标注技术要求，填写标题栏。图样中的文字国家标准有规定，在标注文字前要设置字体，使其符合国家标准的要求，文字标注样式要在［Text Style］对话框中完成。命令格式为：

Command：DT（执行输入单行文本命令）

DTEXT

Current text style：“工程图式样” text height：12.000（当前文本式样：“工程图式样”文字高度 12.000）

Specify start point of text or［Justify /Style］：（输入文字的起点）

Specify height < 12.000 > ：7（输入文字的高度）

Specify rotation angle of text < 0 > ：（文字的旋转角度）

Enter text：（输入文字内容，输入完毕按回车键结束输入）

表面粗糙度符号若是直接画很费事，将其定义成图块存盘，需要时将它插入到图形中，这样可避免重复性图形绘制，节省绘图时间。

① 定义图块　按国家标准规定画出表面粗糙度符号，并为其附加上属性。属性是图块中的文字信息，在图块中用属性，使插入图块时块中的文字可以及时输入新的内容。定义属性的命令在［Draw］/［Block］/［Define Attributes］，执行此命令后，显示［Define Attributes］对话框，在对话框中设置标签属性、提示属性、属性值、文字高度、文字对齐方式等。将带属性的图形定义为块，定义图块用 Block 命令，单击 🔲 按钮，显示［Block Definition］对话框，在此对话框中要输入块名（块名允许用汉字）、用户插入基准点，单击选择对象按钮，系统要求选择定义块的图形，选择后单击对话框中的 OK 按钮，完成带属性的图块定义。

② 插入带属性的图块　图块插入用 Insert 命令，单击 🔲 按钮，显示［Insert］对话框，从中选择要插入的图块名，根据命令行的提示，输入有关参数。

2. 拼画装配图

装配图是由多个零件装配而成的，作图时可先画出零件图，再将零件图定义为图块文件，用插入图块的方法拼装装配图。其要点是定义块时，关闭在装配图中不需要的零件图中的层（如尺寸标注层），删除在装配图中无用的线条，修剪掉插入后被遮挡的图线，选择合理的定位基准。

图 9-9 是联轴器的装配图，它是由左右法兰盘和螺栓组件装配而成的。

（1）定义图块

画装配图前，先将左法兰盘、右法兰盘、螺母、螺栓、弹簧垫片的零件图画出，并定义为图块。现将图 9-4 中主视图定义为在装配图中有用的图块，操作步骤为：

① 用 Open 命令打开左法兰盘的图形文件 flp. dwg。

② 用 Layer 命令，关闭尺寸标注层。

③ 擦去右端螺栓孔的图线。

④ 用 Block 命令把主视图定义成图块，如图 9-10 所示，插入基点选择 B 点。把图块命名为 bflp. dwg。

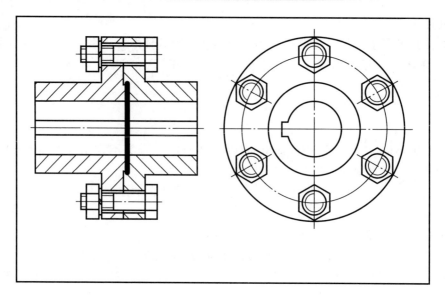

图 9 - 9 联轴器的装配图

⑤ 用 Wblock 命令将该图块存盘。

（2）拼画装配图步骤

① 建立装配图图形文件。根据装配图的大小选图幅，用 Open 命令打开样板图；用 Insert 命令将左法兰盘插入到样板图的适当位置；用 Insert 命令将右法兰盘图块插入，其基点与左法兰盘的 B 点对准，使两零件很好地结合；将螺母、螺栓、弹簧垫片图块插入。

② 调整某些零件的表达方法，适应装配图的要求。螺纹的连接要按制图的规定画法作图。

③ 画左视图，与零件图画法基本相同，只画六个六角螺母即可。

④ 在装配图中，只标注与装配有关的尺寸，标注与机器或部件性能有关的技术要求。

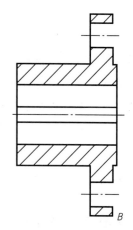

图 9 - 10 把左法兰盘定义成块

随着计算机技术的迅猛发展，计算机辅助设计已成为现代工业设计的重要组成部分。根据用户使用的软、硬件设备的不同，计算机绘图系统有多种类型。AutoCAD 是目前较为流行的绘图软件之一，它具有强大的绘图和编辑功能。结合工程图的实例掌握计算机绘图的一些基本操作，使学习者对计算机绘图有一大致了解。

附　　录

附表 1　普通螺纹与螺距系列(GB/T 193—2003)、基本尺寸(GB/T 196—2003)

D—内螺纹大径；D_1—内螺纹小
径；D_2—内螺纹中径；

d—外螺纹大径；d_1—外螺纹小
径；d_2—外螺纹中径；

P—螺距；H—原始三角形高

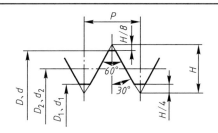

mm

公称直径 D、d		螺　距　P		粗牙中径	粗牙小径
第一系列	第二系列	粗牙	细牙	D_2、d_2	D_1、d_1
3		0.5	0.35	2.675	2.459
	3.5	(0.6)		3.110	2.850
4		0.7		3.545	3.242
	4.5	(0.75)	0.5	4.013	3.688
5		0.8		4.480	4.134
6		1	0.75，(0.5)	5.350	4.917
8		1.25	1，0.75，(0.5)	7.188	6.647
10		1.5	1.25，1，0.75，(0.5)	9.026	8.376
12		1.75	1.5，1.25，1，(0.75)，(0.5)	10.863	10.106
	14	2	1.5，(1.25)*，1，(0.75)，(0.5)	12.701	11.835
16		2	1.5，1，(0.75)，(0.5)	14.071	13.835
	18	2.5	2，1.5，1，(0.75)，(0.5)	16.376	15.294
20		2.5		18.376	17.294
	22	2.5	2，1.5，1，(0.75)，(0.5)	20.376	19.294
24		3	2，1.5，1，(0.75)	22.051	20.752
	27	3	2，1.5，1，(0.75)	25.051	23.752
30		3.5	(3)，2，1.5，1，(0.75)	27.727	26.211
	33	3.5	(3)，2，1.5，(1)，(0.75)	30.727	29.211
36		4		33.402	31.670

注：1. 优先选用第一系列，括号内尺寸尽可能不用。

2. M14×1.25 仅用于火花塞。

附表 2　梯形螺纹的基本尺寸（GB/T 5796.4—2005）

D_4—内螺纹大径；D_1—内螺纹小径；D_2—内螺纹中径；d—外螺纹大径；d_3—外螺纹小径；d_2—外螺纹中径；

P—螺距

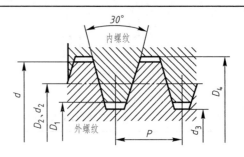

mm

公称直径		螺距	中径	大径	小径		公称直径		螺距	中径	大径	小径	
第一系列	第二系列	P	$d_2=D_2$	D_4	d_3	D_1	第一系列	第二系列	P	$d_2=D_2$	D_4	d_3	D_1
8		1.5	7.25	8.30	6.20	6.50			3	24.50	26.50	22.50	23.00
	9	1.5	8.25	9.30	7.20	7.50		26	5	23.50	26.50	20.50	21.00
		2	8.00	9.50	6.50	7.00			8	22.00	27.00	17.00	18.00
10		1.5	9.25	10.30	8.20	8.50			3	26.50	28.50	24.50	25.00
		2	9.00	10.50	7.50	8.00	28		5	25.50	28.50	22.50	23.00
	11	2	10.00	11.50	8.50	9.00			8	24.00	29.00	19.00	20.00
		3	9.50	11.50	7.50	8.00			3	28.50	30.50	26.50	27.00
12		2	11.00	12.50	9.50	10.00		30	6	27.00	31.00	23.00	24.00
		3	10.50	12.50	8.50	9.00			10	25.00	31.00	19.00	20.00
	14	2	13.00	14.50	11.50	12.00			3	30.50	32.50	28.50	29.00
		3	12.50	14.50	10.50	11.00	32		6	29.00	33.00	25.00	26.00
16		2	15.00	16.50	13.50	14.00			10	27.00	33.00	21.00	22.00
		4	14.00	16.50	11.50	12.00			3	32.50	34.50	30.50	31.00
	18	2	17.00	18.50	15.50	16.00		34	6	31.00	35.00	27.00	28.00
		4	16.00	18.50	13.50	14.00			10	29.00	35.00	23.00	24.00
20		2	19.00	20.50	17.50	18.00			3	34.50	36.50	32.50	33.00
		4	18.00	20.50	15.50	16.00	36		6	33.00	37.00	29.00	30.00
		3	20.50	22.50	18.50	19.00			10	31.00	37.00	25.00	26.00
	22	5	19.50	22.50	16.50	17.00			3	36.50	38.50	34.50	35.00
		8	18.00	23.00	13.00	14.00		38	7	34.50	39.00	30.00	31.00
		3	22.50	24.50	20.50	21.00			10	33.00	39.00	27.00	28.00
24		5	21.50	24.50	18.50	19.00			3	38.50	40.50	36.50	37.00
		8	20.00	25.00	15.00	16.00	40		7	36.50	41.00	32.00	33.00
									10	35.00	41.00	29.00	30.00

附表 3　非螺纹密封的管螺纹（GB/T 7307—2001）

标记示例

尺寸代号 $1^1/_2$，内螺纹：$G1^1/_2$

尺寸代号 $1^1/_2$，A 级外螺纹：$G1^1/_2A$

尺寸代号 $1^1/_2$，B 级外螺纹，左旋：

　　　　$G1^1/_2B—LH$

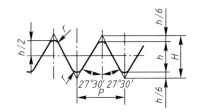

尺寸代号	每 25.4 mm 内的牙数 n	螺距 P /mm	牙高 h /mm	圆弧半径 r/mm	基 本 直 径		
					大径 $d = D$ /mm	中径 $d_2 = D_2$ /mm	小径 $d_1 = D_1$ /mm
1/16	28	0.907	0.581	0.125	7.723	7.142	6.561
1/8	28	0.907	0.581	0.125	9.728	9.147	8.566
1/4	19	1.337	0.856	0.184	13.157	12.301	11.445
3/8	19	1.337	0.856	0.184	16.662	15.806	14.950
1/2	14	1.814	1.162	0.249	20.955	19.793	18.631
5/8	14	1.814	1.162	0.249	22.911	21.749	20.587
3/4	14	1.814	1.162	0.249	26.441	25.279	24.117
7/8	14	1.814	1.162	0.249	30.201	29.039	27.877
1	11	2.309	1.479	0.317	33.249	31.770	30.291
1 1/8	11	2.309	1.479	0.317	37.897	36.418	34.939
1 1/4	11	2.309	1.479	0.317	41.910	40.431	38.952
1 1/2	11	2.309	1.479	0.317	47.803	46.324	44.845
1 3/4	11	2.309	1.479	0.317	53.746	52.267	50.788
2	11	2.309	1.479	0.317	59.614	58.135	56.656
2 1/4	11	2.309	1.479	0.317	65.710	64.231	62.752
2 1/2	11	2.309	1.479	0.317	75.184	73.705	72.226
2 3/4	11	2.309	1.479	0.317	81.534	80.055	78.576
3	11	2.309	1.479	0.317	87.884	86.405	84.926
3 1/2	11	2.309	1.479	0.317	100.330	98.851	97.372
4	11	2.309	1.479	0.317	113.030	111.551	110.072
4 1/2	11	2.309	1.479	0.317	125.730	124.251	122.772
5	11	2.309	1.479	0.317	138.430	136.951	135.472
5 1/2	11	2.309	1.479	0.317	151.130	149.651	148.172
6	11	2.309	1.479	0.317	163.830	162.351	160.872

附表 4　六角头螺栓——A 和 B 级（GB/T 5782—2000）

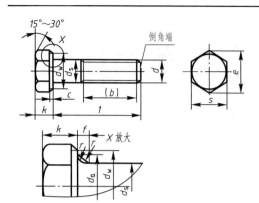

标注示例

螺纹规格 $d = 12$ mm、公称长度 $l = 80$ mm、性能等级 8.8 级，表面氧化，A 级的六角头螺栓：

螺栓　GB/T 5782　M12×80

mm

螺纹规格 d			M3	M4	M5	M6	M8	M10	M12	M16	M20	M24	M30	M36
e_{min}	产品等级	A	6.07	7.66	8.79	11.05	14.38	17.77	20.03	26.75	33.53	39.98	—	—
		B	—	—	8.63	10.89	14.20	17.59	19.85	26.17	32.95	39.55	50.85	60.79
S_{max} = 公称			5.5	7	8	10	13	16	18	24	30	36	46	55
k 公称			2	2.8	3.5	4	5.3	6.4	7.5	10	12.5	15	18.7	22.5
f　max			1	1.2	1.2	1.4	2	2	3	3	4	4	6	6
d_a　max			3.6	4.7	5.7	6.8	9.2	11.2	13.7	17.7	22.4	26.4	33.4	39.4
c	max		0.4	0.4	0.5	0.5	0.6	0.6	0.6	0.8	0.8	0.8	0.8	0.8
	min		0.15	0.15	0.15	0.15	0.15	0.15	0.15	0.2	0.2	0.2	0.2	0.2
d_{wmin}	产品等级	A	4.6	5.9	6.9	8.9	11.6	14.6	16.6	22.5	28.2	33.6	—	—
		B	—	—	6.7	8.7	11.4	14.4	16.4	22	27.7	33.2	42.7	51.1
d_{smax}			3	4	5	6	8	10	12	16	20	24	30	36
d_{smin}	产品等级	A	2.86	3.82	4.82	5.82	7.78	9.78	11.73	15.73	19.67	23.67	—	—
		B	—	—	4.70	5.70	7.64	9.64	11.57	15.57	19.48	23.48	29.48	35.38
r_{min}			0.1	0.2	0.2	0.25	0.4	0.4	0.6	0.6	0.8	0.8	1	1
b 参考	$l \leqslant 125$		12	14	16	18	22	26	30	38	46	54	66	78
	$125 < l$ $\leqslant 200$		—	—	—	—	28	32	36	44	52	60	72	84
	$L > 200$		—	—	—	—	—	—	—	57	65	73	85	97
l 公称			20~30	25~40	25~50	30~60	35~80	40~100	45~120	55~160	65~200	80~240	90~300	110~360
l 系列			20, 25, 30, 35, 40, 45, 50, 55, 60, (65), 70, 80, 90, 100, 110, 120, 130, 140, 150, 160, 180, 200, 220, 240, 260, 280, 300, 320, 340, 360, 380, 400											

注：A 和 B 为产品等级。A 级用于 $d \leqslant 24$ mm 和 $l \leqslant 10d$ 或 $l \leqslant 150$ mm（按较小值）的螺栓；B 级用于 $d > 24$ mm 或 $l > 10d$ 或 $l > 150$ mm（按较小值）的螺栓。尽可能不采用括号内的规格。

附表5　双头螺柱

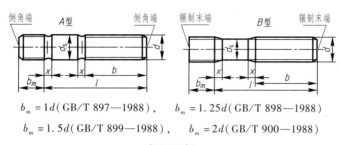

$b_{\mathrm{m}} = 1d(\text{GB/T } 897\text{—}1988)$，　$b_{\mathrm{m}} = 1.25d(\text{GB/T } 898\text{—}1988)$

$b_{\mathrm{m}} = 1.5d(\text{GB/T } 899\text{—}1988)$，　$b_{\mathrm{m}} = 2d(\text{GB/T } 900\text{—}1988)$

标记示例

两端均为粗牙普通螺纹，$d = 10$ mm、$l = 50$ mm、性能等级为 4.8 级、不经表面处理、B 型、$b_{\mathrm{m}} = 1d$ 的双头螺柱：

螺柱　GB/T 897　M10×50

旋入机体一端为粗牙普通螺纹，旋螺母一端为螺距 $P = 1$ mm 的普通细牙螺纹，$d = 10$ mm、$l = 50$ mm、性能等级为 4.8 级、不经表面处理、A 型、$b_{\mathrm{m}} = 1d$ 的双头螺柱：

螺柱　GB/T 897　AM10—M10×1×50

mm

螺纹规格 d	b_{m}（公称）				l/b
	GB/T 897	GB/T 898	GB/T 899	GB/T 900	
M5	5	6	8	10	16～20/10、25～50/16
M6	6	8	10	12	20/10、25～30/14、35～70/18
M8	8	10	12	16	20/12、25～30/16、35～90/22
M10	10	12	15	20	25/14、30～35/16、40～120/26、130/32
M12	12	15	18	24	25～30/16、35～40/20、45～120/30、130～180/36
M16	16	20	24	32	30～35/20、40～55/30、60～120/38、130～200/44
M20	20	25	30	40	35～40/25、45～65/35、70～120/46、130～200/52
M24	24	30	36	48	45～50/30、60～70/45、80～120/54、130～200/60
M30	30	38	45	60	60/40、70～90/50、100～120/66、130～200/72、210～250/85
M36	36	45	54	72	70/45、80～110/60、120/78、130～200/84、210～300/97
M42	42	50	63	84	70～80/50、90～110/70、120/90、130～200/96、210～300/109
M48	48	60	72	96	80～90/60、100～110/80、120/102、130～200/108、210～300/121
l（系列）	12、16、20、25、30、35、40、45、50、60、70、80、90、100、110、120、130、140、150、160、170、180、190、200、210、220、230、240、250、260、280、300				

附表6 开槽圆柱头螺钉(GB/T 65—2000)、开槽沉头螺钉(GB/T 68—2000)

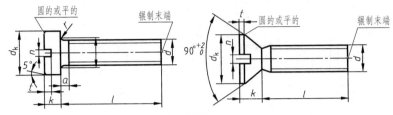

标注示例

螺纹规格 d = M5、公称长度 l = 20 mm、性能等级为4.8级、不经表面处理的开槽圆柱头螺钉:

螺钉　GB/T 65　M5 × 20

螺纹规格 d = M5、公称长度 l = 20 mm、性能等级为4.8级、不经表面处理的开槽沉头螺钉:

螺钉　GB/T 68　M5 × 20

mm

螺纹规格 d			M3	M4	M5	M6	M8	M10
a	max		1	1.4	1.6	2	2.5	3
b	min		25	38	38	38	38	38
x	max		1.25	1.75	2	2.5	3.2	3.8
n 公称			0.8	1.2	1.2	1.6	2	2.5
GB/T 65—2000	d_k	max	5.6	7	8.5	10	13	16
		min	5.3	6.78	8.28	9.78	12.73	15.73
	k	max	1.8	2.6	3.3	3.9	5	6
		min	1.6	2.45	3.1	3.6	4.7	5.7
	t	min	0.7	1.1	1.3	1.6	2	2.4
	r	min	0.1	0.2	0.2	0.25	0.4	0.4
	d_a	max	3.6	4.7	5.7	6.8	9.2	11.2
	l(商品规格范围公称长度)		4 ~ 30	5 ~ 40	6 ~ 50	8 ~ 60	10 ~ 80	12 ~ 80
	l(系列)		4, 5, 6, 8, 10, 12, (14), 16, 20, 25, 30, 35, 40, 45, 50, (55), 60, (65), 70, (75), 80					
GB/T 68—2000	d_k	理论值 max	6.3	9.4	10.4	12.6	17.3	20
		实际值 max	5.5	8.4	9.3	11.3	15.8	18.3
		实际值 min	5.2	8	8.9	10.9	15.4	17.8
	k max		1.65	2.7	2.7	3.3	4.65	5
	r max		0.8	1	1.3	1.5	2	2.5
	t	min	0.6	1	1.1	1.2	1.8	2
		max	0.85	1.3	1.4	1.6	2.3	2.6
	l(商品规格范围公称长度)		5 ~ 30	6 ~ 40	8 ~ 50	8 ~ 60	10 ~ 80	12 ~ 80
	l(系列)		4, 5, 6, 8, 10, 12, (14), 16, 20, 25, 30, 35, 40, 45, 50, (55), 60, (65), 70, (75), 80					
螺距 P			0.5	0.7	0.8	1	1.25	1.5

附表7　紧　定　螺　钉

开槽锥端紧定螺钉
（GB/T 71—1985）

开槽平端紧定螺钉
（GB/T 73—1985）

开槽长圆柱端紧定螺钉
（GB/T 75—1985）

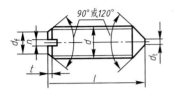

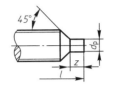

标记示例

螺纹规格 d = M5、公称长度 l = 12 mm、性能等级为 12H 级、表面氧化的开槽锥端紧定螺钉：

螺钉　GB/T 71　M5 × 12

mm

螺纹规格 d			M2	M2.5	M3	M4	M5	M6	M8	M10	M12
螺距 P			0.4	0.45	0.5	0.7	0.8	1	1.25	1.5	1.75
$d_f \approx$			螺纹小径								
n（公称）			0.25	0.4	0.4	0.6	0.8	1	1.2	1.6	2
t		min	0.64	0.72	0.8	1.12	1.28	1.6	2	2.4	2.8
		max	0.84	0.95	1.05	1.42	1.63	2	2.5	3	3.6
GB/T 71 —1985	d_t	min	—	—	—	—	—	—	—	—	—
		max	0.2	0.25	0.3	0.4	0.5	1.5	2	2.5	3
	l		3～10	3～12	4～16	6～20	8～25	8～30	10～40	12～50	(14)～60
GB/T 73— 1985 GB/T 75— 1985	d_p	min	0.75	1.25	1.75	2.25	3.2	3.7	5.2	6.64	8.14
		max	1	1.5	2	2.5	3.5	4	5.5	7	8.5
GB/T 73— 1985	l	120°	2～2.5	2.5～3	3	4	5	6	—	—	—
		90°	3～10	4～12	4～16	5～20	6～25	8～30	8～40	10～50	12～60
GB/T 75— 1985	z	min	1	1.25	1.5	2	2.5	3	4	5	6
		max	1.25	1.5	1.75	2.25	2.75	3.25	4.3	5.3	6.3
	l	120°	3	4	5	6	8	8～10	10～(14)	12～16	(14)～20
		90°	4～10	5～12	6～16	8～20	10～25	12～30	16～40	20～50	25～60

注：1. 在 GB/T 71—1985 中，当 d = M2.5，l = 3 mm 时，螺钉两端的倒角均为 120°。

2. l 公称尺寸：3、4、5、6、8、10、12、(14)、16、20、25、30、40、45、50、(55)、60。

3. 尽可能不采用括号内的规格。

附表 8 I 型六角螺母——A 级和 B 级（GB/T 6170—2000）

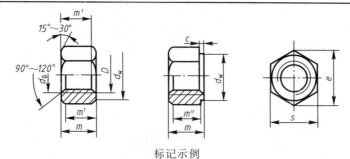

标记示例

螺纹规格 D = M12、性能等级为 10 级、不经表面处理、A 级 I 型六角螺母：

螺母 GB/T 6170 M12

mm

螺纹规格 D		M3	M4	M5	M6	M8	M10	M12	M16
c	max	0.4	0.4	0.5	0.5	0.6	0.6	0.6	0.8
d_a	max	3.45	4.6	5.75	6.75	8.75	10.8	13	17.3
	min	3	4	5	6	8	10	12	16
d_w	min	4.6	5.9	6.9	8.9	11.6	14.6	16.6	22.5
e	min	6.01	7.66	8.79	11.05	14.38	17.77	20.03	26.75
m	max	2.4	3.2	4.7	5.2	6.8	8.4	10.8	14.8
	min	2.15	2.9	4.4	4.9	6.44	8.04	10.37	14.1
m'	min	1.7	2.3	3.5	3.9	5.1	6.4	8.3	11.3
m''	min	1.5	2	3.1	3.4	4.5	5.6	7.3	9.9
s	max	5.5	7	8	10	13	16	18	24
	min	5.32	6.78	7.78	9.78	12.73	15.73	17.73	23.67
螺纹规格 D		M20	M24	M30	M36	M42	M48	M56	M64
c	max	0.8	0.8	0.8	0.8	1	1	1	1.2
d_a	max	21.6	25.9	32.4	38.9	45.4	51.8	60.5	69.1
	min	20	24	30	36	42	48	56	64
d_w	min	27.7	33.2	42.7	51.1	60.6	69.4	78.7	88.2
e	min	32.95	39.55	50.85	60.79	72.02	82.6	93.56	104.86
m	max	18	21.5	25.6	31	34	38	45	51
	min	16.9	20.2	24.3	29.4	32.4	36.4	43.4	49.1
m'	min	13.5	16.2	19.4	23.5	25.9	29.1	34.7	39.3
m''	min	11.8	14.1	17	20.6	22.7	25.5	30.4	34.4
s	max	30	36	46	55	65	75	85	95
	min	29.16	35	45	53.8	63.8	73.1	82.8	92.8

注：A 级用于 $D \leqslant 16$ mm 的螺母；B 级用于 $D > 16$ mm 的螺母。

附表9　垫　圈

平垫圈—A级（GB/T 97.1—2002）、平垫圈倒角型　A级（GB/T 97.2—2002）、小垫圈—A级（GB/T 848—2002）

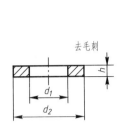 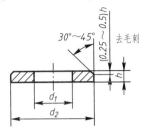

标记示例

公称尺寸 d = 8 mm、性能等级为 140 HV 级、倒角型、不经表面处理的平垫圈：

垫圈　GB/T 97.2　8 – 140HV

mm

公称尺寸 d		2	2.5	3	4	5	6	8	10	12	14	16	20	24	30	36
d_1 公称 min	GB 848—85	2.2	2.7	3.2	4.3	5.3	6.4	8.4	10.5	13	15	17	21	25	31	37
	GB 97.1—85															
	GB 97.2—85					5.3	6.4	8.4	10.5	13	15	17	21	25	31	37
d_2 公称 max	GB 848—85	4.5	5	6	8	9	11	15	18	20	24	28	34	39	50	60
	GB 97.1—85	5	6	7	9	10	12	16	20	24	28	30	37	44	56	66
	GB 97.2—85															
h 公称	GB 848—85	0.3	0.5	0.5	0.5	1	1.6	1.6	1.6	2	2.5	2.5	3	4	4	5
	GB 97.1—85	0.3	0.5	0.5	0.8	1	1.6	1.6	2	2.5	2.5	3	3	4	4	5
	GB 97.2—85															

附表10　弹簧垫圈（GB/T 93—1987）

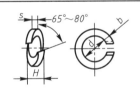

标注示例

规格 16 mm、材料为 65 Mn、表面氧化的标准型弹簧垫圈：

垫圈　GB/T 93　16

mm

规格（螺纹大径）		4	5	6	8	10	12	16	20	24	30
d	min	4.1	5.1	6.1	8.1	10.2	12.2	16.2	20.2	24.5	30.5
	max	4.4	5.4	6.68	8.68	10.9	12.9	16.9	21.04	25.5	31.5
$S(b)$	公称	1.1	1.3	1.6	2.1	2.6	3.1	4.1	5	6	7.5
	min	1	1.2	1.5	2	2.45	2.95	3.9	4.8	5.8	7.2
	max	1.2	1.4	1.7	2.2	2.75	3.25	4.3	5.2	6.2	7.8
H	min	2.2	2.6	3.2	4.2	5.2	6.2	8.2	10	12	15
	max	2.75	3.25	4	5.25	6.5	7.75	10.25	12.5	15	18.75
$m \leqslant$		0.55	0.65	0.8	1.05	1.3	1.55	2.05	2.5	3	3.75

附表 11 圆柱销 不淬硬钢和奥氏体不锈钢(GB/T 119.1—2000)

附表 11 圆柱销 淬硬钢和马氏体不锈钢(GB/T 119.2—2000)

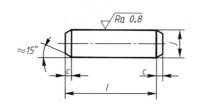 

末端形状由制造者确定,允许倒圆或凹穴

标记示例

公称直径 10 mm、长 50 mm 的 A 型圆柱销:

销 GB/T 119.1 10×50

mm

d	4	5	6	8	10	12	16	20	25	30	40	50
$a \approx$	0.50	0.63	0.80	1.0	1.2	1.6	2.0	2.5	3.0	4.0	5.0	6.3
$c \approx$	0.63	0.80	1.2	1.6	2.0	2.5	3.0	3.5	4.0	5.0	6.3	8.0
长度范围	8~40	10~50	12~60	14~80	18~95	22~140	26~180	35~200	50~200	60~200	80~200	95~200
l (系列)	6、8、10、12、14、16、18、20、22、24、26、28、30、32、35、40、45、50、55、60、65、70、75、80、85、90、95、100、120、140、160、180、200											

附表 12 圆锥销(GB/T 117—2000)

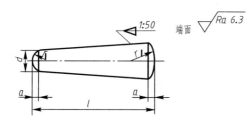

端面 $\sqrt{Ra\ 6.3}$

$$r_1 \approx d$$

$$r_2 \approx \frac{a}{2} + d + \frac{(0.02l)^2}{8a}$$

标注示例

公称直径 10 mm、长 60 mm 的 A 型圆锥销:

销 GB/T 117 10×60

mm

d	4	5	6	8	10	12	16	20	25	30	40	50
$a \approx$	0.5	0.63	0.8	1	1.2	1.6	2	2.5	3	4	5	6.3
长度范围	14~55	18~60	22~90	22~120	26~160	32~180	40~200	45~200	50~200	55~200	60~200	65~200
l (系列)	14、16、18、20、22、24、26、28、30、32、35、40、45、50、55、60、65、70、75、80、85、90、95、100、120、140、160、180、200											

附表 13　深沟球轴承（GB/T 276—1994）

外形尺寸	类型代号	标记示例
	6	滚动轴承　6208　GB/T 276

轴承型号	外形尺寸/mm			轴承型号	外形尺寸/mm		
	d	D	B		d	D	B
特轻(01)系列				中(03)窄系列			
6004	20	42	12	6304	20	52	15
6005	25	47	12	6305	25	62	17
6006	30	55	13	6306	30	72	19
6007	35	62	14	6307	35	80	21
6008	40	68	15	6308	40	90	23
6009	45	75	16	6309	45	100	25
6010	50	80	16	6310	50	110	27
6011	55	90	18	6311	55	120	29
6012	60	95	18	6312	60	130	31
6013	65	100	18	6313	65	140	33
6014	70	110	20	6314	70	150	35
6015	75	115	20	6315	75	160	37
6016	80	125	22	6316	80	170	39
6017	85	130	22	6317	85	180	41
6018	90	140	24	6318	90	190	43
6019	95	145	24	6319	95	200	45
6020	100	150	24	6320	100	215	47
轻(02)窄系列				重(04)窄系列			
6204	20	47	14	6404	20	72	19
6205	25	52	15	6405	25	80	21
6206	30	62	16	6406	30	90	23
6207	35	72	17	6407	35	100	25
6208	40	80	18	6408	40	110	27
6209	45	85	19	6409	45	120	29
6210	50	90	20	6410	50	130	31
6211	55	100	21	6411	55	140	33
6212	60	110	22	6412	60	150	35
6213	65	120	23	6413	65	160	37
6214	70	125	24	6414	70	180	42
6215	75	130	25	6415	75	190	45
6216	80	140	26	6416	80	200	48
6217	85	150	28	6417	85	210	52
6218	90	160	30	6418	90	225	54
6219	95	170	32	6420	100	250	58
6220	100	180	34				

附表 14 推力球轴承（GB/T 301—1995）

外形尺寸　　　　　类型代号　　　　　标注示例

5

滚动轴承　51108　GB/T 301

轴承型号	尺寸/mm				轴承型号	尺寸/mm			
	d	d_1 最小	D	T		d	d_1 最小	D	T
特轻（11）系列					中（13）系列				
51104	20	21	35	10	51304	20	22	47	18
51105	25	26	42	11	51305	25	27	52	18
51106	30	32	47	11	51306	30	32	60	21
51107	35	37	52	12	51307	35	37	68	24
51108	40	42	60	13	51308	40	42	78	26
51109	45	47	65	14	51309	45	47	85	28
51110	50	52	70	14	51310	50	52	95	31
51111	55	57	78	16	51311	55	57	105	35
51112	60	62	85	17	51312	60	62	110	35
51113	65	67	90	18	51313	65	67	115	36
51114	70	72	95	18	51314	70	72	125	40
51115	75	77	100	19	51315	75	77	135	44
51116	80	82	105	19	51316	80	82	140	44
51117	85	87	110	19	51317	85	88	150	49
51118	90	92	120	22	51318	90	93	155	50
51120	100	102	135	25	51320	100	103	170	55
轻（12）系列					重（14）系列				
51204	20	22	40	14	51405	25	27	60	24
51205	25	27	47	15	51406	30	32	70	28
51206	30	32	52	16	51407	35	37	80	32
51207	35	37	62	18	51408	40	42	90	36
51208	40	42	68	19	51409	45	47	100	39
51209	45	47	73	20	51410	50	52	110	43
51210	50	52	78	22	51411	55	57	120	48
51211	55	57	90	25	51412	60	62	130	51
51212	60	62	95	26	51413	65	68	140	56
51213	65	67	100	27	51414	70	73	150	60
51214	70	72	105	27	51415	75	78	160	65
51215	75	77	110	27	51416	80	83	170	68
51216	80	82	115	28	51417	85	88	180	72
51217	85	88	125	31	51418	90	93	190	77
51218	90	93	135	35	51420	100	103	210	85
51220	100	103	150	38	51422	110	113	230	95

附表 15　圆锥滚子轴承（GB/T 297—1994）

外形尺寸	类型代号	标注示例
	3	滚动轴承　32306 GB/T 297

轴承型号	外形尺寸/mm					轴承型号	外形尺寸/mm				
	d	D	T	B	C		d	D	T	B	C
特轻(02)窄系列						宽(22)系列					
30204	20	47	15.25	14	12	32204	20	47	19.25	18	15
30205	25	52	16.25	15	13	32205	25	52	19.25	18	16
30206	30	62	17.25	16	14	32206	30	62	21.25	20	17
30207	35	72	18.25	17	15	32207	35	72	24.25	23	19
30208	40	80	19.75	18	16	32208	40	80	24.75	23	19
30209	45	85	20.75	19	16	32209	45	85	24.75	23	19
30210	50	90	21.75	20	17	32210	50	90	24.75	23	19
30211	55	100	22.75	21	18	32211	55	100	26.75	25	21
30212	60	110	23.75	22	19	32212	60	110	29.75	28	24
30213	65	120	24.75	23	20	32213	65	120	32.75	31	27
30214	70	125	26.25	24	21	32214	70	125	33.25	31	27
30215	75	130	27.25	25	22	32215	75	130	33.25	31	27
30216	80	140	28.25	26	22	32216	80	140	35.25	33	28
30217	85	150	30.5	28	24	32217	85	150	38.5	36	30
30218	90	160	32.5	30	26	32218	90	160	42.5	40	34
30219	95	170	34.5	32	27	32219	95	170	45.5	43	37
30220	100	180	37	34	29	32220	100	180	49	46	39
中(03)窄系列						中宽(23)系列					
30304	20	52	16.25	15	13	32304	20	52	22.25	21	18
30305	25	62	18.25	17	15	32305	25	62	25.25	24	20
30306	30	72	20.75	19	16	32306	30	72	28.75	27	23
30307	35	80	22.75	21	18	32307	35	80	32.75	31	25
30308	40	90	25.25	23	20	32308	40	90	35.25	33	27
30309	45	100	27.25	25	22	32309	45	100	38.25	36	30
30310	50	110	29.25	27	23	32310	50	110	42.25	40	33
30311	55	120	31.5	29	25	32311	55	120	45.5	43	35
30312	60	130	33.5	31	26	32312	60	130	48.5	46	37
30313	65	140	36	33	28	32313	65	140	51	48	39
30314	70	150	38	35	30	32314	70	150	54	51	42
30315	75	160	40	37	31	32315	75	160	58	55	45
30316	80	170	42.5	39	33	32316	80	170	61.5	58	48
30317	85	180	44.5	41	34	32317	85	180	63.5	60	49
30318	90	190	46.5	43	36	32318	90	190	67.5	64	53
30319	95	200	49.5	45	38	32319	95	200	71.5	67	55
30320	100	215	51.5	47	39	32320	100	215	77.5	73	60

附表 16 平键及键槽的尺寸(GB/T 1095～1096—2003)

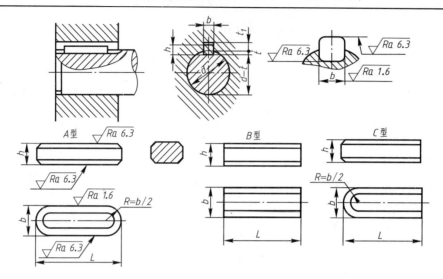

标记示例

圆头普通平键(A型)，$b = 18$ mm，$h = 11$ mm，$L = 100$ mm:

GB/T 1096 键 18×11×100

方头普通平键(B型)，$b = 18$ mm，$h = 11$ mm，$L = 100$ mm:

GB/T 1096 键 B18×11×100

单圆头普通平键(C型)，$b = 18$ mm，$h = 11$ mm，$L = 100$ mm:

GB/T 1096 键 C18×11×100

mm

轴径 d	键尺寸 $b \times h$	键 槽										
		宽度 b					深度				半径 r	
		基本尺寸	松连接		正常连接		紧密连接	轴 t_1		毂 t_2		
			轴 H9	毂 D10	轴 N9	毂 Js9	轴和毂 P9	基本尺寸	极限偏差	基本尺寸	极限偏差	min	max
6～8	2×2	2	+0.025	+0.060	−0.004	±0.012 5	−0.006	1.2	+0.1 0	1	+0.1 0	0.08	0.16
8～10	3×3	3	0	+0.020	−0.029		−0.031	1.8		1.4		
10～12	4×4	4	+0.030 0	+0.078 +0.030	0 −0.030	±0.015	−0.012 −0.042	2.5		1.8		
12～17	5×5	5						3.0		2.3		
17～22	6×6	6						3.5		2.8		0.16	0.25
22～30	8×7	8	+0.036 0	+0.098 +0.040	0 −0.036	±0.018	−0.015 −0.051	4.0	+0.2 0	3.3	+0.2 0	
30～38	10×8	10						5.0		3.3		
38～44	12×8	12	+0.043 0	+0.120 +0.050	0 −0.043	±0.021 5	−0.018 −0.061	5.0		3.3		0.25	0.40
44～50	14×9	14						5.5		3.8		
50～58	16×10	16						6.0		4.3		
58～65	18×11	18						7.0		4.4		
65～75	20×12	20	+0.052 0	+0.149 +0.065	0 −0.052	±0.026	−0.022 −0.074	7.5		4.9		0.40	0.60
75～85	22×14	22						9.0		5.4		
L 系列	6, 8, 10, 12, 14, 16, 18, 20, 22, 25, 28, 32, 36, 40, 45, 50, 56, 63, 70, 80, 90, 100, 110, 125, 140, 160, 180, 200, 220, 250, 280, 320, 360, 400, 450, 500												

附表 17 公称尺寸小于 500 mm 的标准公差数值表

μm

公称尺寸/mm	公 差 等 级																			
	IT01	IT0	IT1	IT2	IT3	IT4	IT5	IT6	IT7	IT8	IT9	IT10	IT11	IT12	IT13	IT14	IT15	IT16	IT17	IT18
≤3	0.3	0.5	0.8	1.2	2	3	4	6	10	14	25	40	60	100	140	250	400	600	1 000	1 400
>3~6	0.4	0.6	1	1.5	2.5	4	5	8	12	18	30	48	75	120	180	300	480	750	1 200	1 800
>6~10	0.4	0.6	1	1.5	2.5	4	6	9	15	22	36	58	90	150	220	360	580	900	1 500	2 200
>10~18	0.5	0.8	1.2	2	3	5	8	11	18	27	43	70	110	180	270	430	700	1 100	1 800	2 700
>18~30	0.6	1	1.5	2.5	4	6	9	13	21	33	52	84	130	210	330	520	840	1 300	2 100	3 300
>30~50	0.6	1	1.5	2.5	4	7	11	16	25	39	62	100	160	250	390	620	1 000	1 600	2 500	3 900
>50~80	0.8	1.2	2	3	5	8	13	19	30	46	74	120	190	300	460	740	1 200	1 900	3 000	4 600
>80~120	1	1.5	2.5	4	6	10	15	22	35	54	87	140	220	350	540	870	1 400	2 200	3 500	5 400
>120~180	1.2	2	3.5	5	8	12	18	25	40	63	100	160	250	400	630	1 000	1 600	2 500	4 000	6 300
>180~250	2	3	4.5	7	10	14	20	29	46	72	115	185	290	460	720	1 150	1 850	2 900	4 600	7 200
>250~315	2.5	4	6	8	12	16	23	32	52	81	130	210	320	520	810	1 300	2 100	3 200	5 200	8 100
>315~400	3	5	7	9	13	18	25	36	57	89	140	230	360	570	890	1 400	2 300	3 600	5 700	8 900
>400~500	4	6	8	10	15	20	27	40	63	97	155	250	400	630	970	1 550	2 500	4 000	6 300	9 700

| 公称尺寸 /mm | 下偏差 EI 所有标准公差等级 | | | | | | | | | | | JS | 基本偏 上偏 6 | 7 | 8 | ≤8 | >8 |
	A	B	C	CD	D	E	EF	F	FG	G	H		J	J	J	K	K
≤3	+270	+140	+60	+34	+20	+14	+10	+6	+4	+2	0		+2	+4	+6	0	0
> ~6	+270	+140	+70	+36	+30	+20	+14	+10	+6	+4	0		+5	+6	+10	−1 +Δ	—
>6 ~10	+280	+150	+80	+56	+40	+25	+18	+13	+8	+5	0		+5	+8	+12	−1 +Δ	—
>10 ~14 >14 ~18	+290	+150	+95	—	+50	+32	—	+16	—	+6	0	偏差 等于 ± IT/2	+6	+10	+15	−1 +Δ	—
>18 ~24 >24 ~30	+300	+160	+110	—	+65	+40	—	+20	—	+7	0		+8	+12	+20	−2 +Δ	—
>30 ~40 >40 ~50	+310 +320	+170 +180	+120 +130		+80	+50	—	+25	—	+9	0		+10	+14	+24	−2 +Δ	—
>50 ~65 >65 ~80	+340 +360	+190 +200	+140 +150		+100	+60	—	+30	—	+10	0		+13	+18	+28	−2 +Δ	—
>80 ~100 >100 ~120	+380 +410	+220 +240	+170 +180	—	+120	+72	—	+36	—	+12	0		+16	+22	+34	−3 +Δ	—
>120 ~140 >140 ~160 >160 ~180	+440 +520 +580	+260 +280 +310	+200 +210 +230	—	+145	+85	—	+43	—	+14	0		+18	+26	+41	−3 +Δ	—
>180 ~200 >200 ~225 >225 ~250	+660 +740 +820	+340 +380 +420	+240 +260 +280	—	+170	+100	—	+50	—	+15	0		+22	+30	+47	−4 +Δ	—
>250 ~280 >280 ~315	+920 +1 050	+480 +540	+300 +330	—	+190	+110	—	+56	—	+17	0		+25	+36	+55	−4 +Δ	—
>315 ~355 >355 ~400	+1 200 +1 350	+600 +680	+260 +400	—	+210	125	—	+62	—	+18	0		+29	+39	+60	−4 +Δ	—
>400 ~450 >450 ~500	+1 500 +1 650	+760 +840	+440 +480	—	+230	+135	—	+68	—	+20	0		+33	+43	+66	−5 +Δ	—

注：1. 公称尺寸小于 1 mm 时，各级的 A 和 B 及大于 8 级的 N 均不采用。

2. JS 的数值：对 IT7 ~ IT11，若 IT 的数值 (μm) 为奇数则取 $JS = \dfrac{IT-1}{2}$。

3. 特殊情况：当公称尺寸大于 250 至 315 mm 时，M6 的 ES 等于 −9 (不等于 −11)。

4. 对小于或等于 IT8 的 K、M、N 和小于 IT7 的 P 至 ZC，所需 Δ 值从表内右则栏选取，例如：大于 6 至 10 mm 的 P6，

的孔基本偏差数值　　　　　　　　　　　　　　　　　　　　　　　　　　μm

差数值														Δ 值					
差 ES																			
≤8	>8	≤8	>8	≤7	>7									标准公差等级					
M		N		P～ZC	P	R	S	T	U	V	X	Y	Z	3	4	5	6	7	8
−2	−2	−4	−4		−6	−10	−14	—	−18	—	−20	—	−26	0					
−4+Δ	−4	−8+Δ	0		−12	−15	−19	—	−23	—	−28	—	−35	1	1.5	1	3	4	6
−6+Δ	−6	−10+Δ	0		−15	−19	−23	—	−28	—	−34	—	−42	1	1.5	2	3	6	7
−7+Δ	−7	−12+Δ	0		−18	−23	−28	—	−33	— / −39	−40 / −45	—	−50 / −60	1	2	3	3	7	9
−8+Δ	−8	−15+Δ	0		−22	−28	−35	— / −41	−41 / −48	−47 / −55	−54 / −64	−65 / −75	−73 / −88	1.5	2	3	4	8	12
−9+Δ	−9	−17+Δ	0	在 >7 级 的 相 应 数 值 上 增 加 一 个 Δ 值	−26	−34	−43	−48 / −54	−60 / −70	−68 / −81	−80 / −95	−94 / −114	−112 / −136	1.5	3	4	5	9	14
−11+Δ	−11	−20+Δ	0		−32	−41 / −43	−53 / −59	−66 / −75	−87 / −102	−102 / −120	−122 / −146	−144 / −174	−172 / −210	2	3	5	6	11	16
−13+Δ	−13	−23+Δ	0		−37	−51 / −54	−71 / −79	−91 / −104	−124 / −144	−146 / −172	−178 / −210	−214 / −254	−258 / −310	2	4	5	7	13	19
−15+Δ	−15	−27+Δ	0		−43	−63 / −65 / −68	−92 / −100 / −108	−122 / −134 / −146	−170 / −190 / −210	−202 / −228 / −252	−248 / −280 / −310	−300 / −340 / −380	−365 / −415 / −465	3	4	6	7	15	23
−17+Δ	−17	−31+Δ	0		−50	−77 / −80 / −84	−122 / −130 / −140	−166 / −180 / −196	−236 / −258 / −284	−284 / −310 / −340	−350 / −385 / −425	−425 / −470 / −520	−520 / −575 / −640	3	4	6	9	17	26
−20+Δ	−20	−34+Δ	0		−56	−94 / −98	−158 / −170	−218 / −240	−315 / −350	−385 / −425	−475 / −525	−580 / −650	−710 / −790	4	4	7	9	20	29
−21+Δ	−21	−37+Δ	0		−62	−108 / −114	−190 / −208	−268 / −294	−390 / −435	−475 / −530	−590 / −660	−730 / −820	−900 / −1 000	4	5	7	11	21	32
−23+Δ	−23	−37+Δ	0		−68	−126 / −132	−232 / −252	−330 / −360	−490 / −540	−595 / −660	−740 / −820	−920 / −1 000	−1 100 / 1 250	5	5	7	13	23	34

Δ=3，所以 ES = −15+3 = −12 μm。

附表 19 公称尺寸至 500 mm

基本偏

公称尺寸 /mm	上偏差 es											js	5~6	7	8
	所有标准公差等级												j		
	a	b	c	cd	d	e	ef	f	fg	g	h				
≤3	-270	-140	-60	-34	-20	-14	-10	-6	-4	-2	0	偏差等于 ±IT/2	-2	-4	-6
>3~6	-270	-140	-70	-46	-30	-20	-14	-10	-6	-4	0		-2	-4	—
>6~10	-280	-150	-80	-56	-40	-25	-18	-13	-8	-5	0		-2	-5	—
>10~14 >14~18	-290	-150	-95	—	-50	-32	—	-16	—	-6	0		-3	-6	—
>18~24 >24~30	-300	-160	-110	—	-65	-40	—	-20	—	-7	0		-4	-8	
>30~40 >40~50	-310 -320	-170 -180	-120 -130	—	-80	-50	—	-25	—	-9	0		-5	-10	
>50~65 >65~80	-340 -360	-190 -200	-140 -150	—	-100	-60	—	-30	—	-10	0		-7	-12	
>80~100 >100~120	-380 -410	-220 -240	-170 -180	—	-120	-72	—	-36	—	-12	0		-9	-15	—
>120~140 >140~160 >160~180	-460 -520 -580	-260 -280 -310	-200 -210 -230	—	-145	-85	—	-43	—	-14	0		-11	-18	—
>180~200 >200~225 >225~250	-660 -740 -820	-340 -380 -420	-240 -260 -280	—	-170	-100	—	-50	—	-15	0		-13	-21	
>250~280 >280~315	-920 -1 050	-480 -540	-300 -330	—	-190	-110	—	-56	—	-17	0		-16	-26	
>315~355 >355~400	-1 200 -1 350	-600 -680	-360 -400	—	-210	-125	—	-62	—	-18	0		-18	-28	
>400~450 >450~500	-1 500 -1 650	-760 -840	-440 -480	—	-230	-135	—	-68	—	-20	0		-20	-32	

注：1. 公称尺寸小于 1 mm 时，各级的 a 和 b 均不采用。

2. js 的数值：对 IT7 ~ IT11，若 IT 的数值为奇数，则取 js $= \pm \dfrac{IT-1}{2}$。

的轴基本偏差数值　　　　　　　　　　　　　　　　　　　　　μm

差数值

		下偏差 ei										
4 ~ 7	≤ 3 > 7	所有公差等级										
k		m	n	p	r	s	t	u	v	x	y	z
0	0	+2	+4	+6	+10	+14	—	+18	—	+20	—	+26
+1	0	+4	+8	+12	+15	+19	—	+23	—	+28	—	+35
+1	0	+6	+10	+15	+19	+23	—	+28	—	+34	—	+42
+1	0	+7	+12	+18	+23	+28	—	+33	— +39	+40 +45	—	+50 +60
+2	0	+8	+15	+22	+28	+35	— +41	+41 +48	+47 +55	+54 +64	+63 +75	+73 +88
+2	0	+9	+17	+26	+34	+43	+48 +54	+60 +70	+68 +81	+80 +97	+94 +114	+112 +136
+2	0	+11	+20	+32	+41 +43	+53 +59	+66 +75	+87 +102	+102 +120	+122 +146	+144 +174	+172 +210
+3	0	+13	+23	+37	+51 +54	+71 +79	+91 +104	+124 +144	+146 +172	+178 +210	+214 +256	+258 +310
+3	0	+15	+27	+43	+63 +65 +68	+92 +100 +108	+122 +134 +146	+170 +190 +210	+202 +228 +252	+248 +280 +310	+300 +340 +380	+365 +415 +465
+4	0	+17	+31	+50	+77 +80 +84	+122 +130 +140	+166 +180 +196	+236 +258 +284	+284 +310 +340	+350 +385 +425	+425 +470 +520	+520 +575 +640
+4	0	+20	+34	+56	+94 +98	+158 +170	+218 +240	+315 +350	+385 +425	+475 +525	+580 +650	+710 +790
+4	0	+21	+37	+62	+108 +114	+190 +208	+268 +294	+390 +435	+475 +530	+590 +660	+730 +820	+900 +1 000
+5	0	+23	+40	+68	+126 +132	+232 +252	+330 +360	+490 +540	+595 +660	+740 +820	+920 +1 000	+1 100 +1 250

参 考 文 献

[1] 李澄，吴天生，闻百桥. 机械制图. 4版. 北京：高等教育出版社，2013.

[2] 郑家骧，陈桂英. 机械制图及计算机绘图. 北京：机械工业出版社，2001.

[3] 沈精虎. AutoCAD2000 基础培训教程. 北京：人民邮电出版社，2002.

[4] 钱可强. 机械制图. 3版. 北京：高等教育出版社，2011.

[5] 王冰. 工程制图. 北京：高等教育出版社，2007.

[6] 李爱军，陈国平. 工程制图. 北京：高等教育出版社，2004.

[7] 金大鹰. 机械制图. 2版. 北京：机械工业出版社，2011.

[8] 虎良燕. 道路工程制图与识图. 北京：高等教育出版社，2012.

[9] 李善锋. AutoCAD 2012 中文版完全自觉教程. 北京：机械工业出版社，2012.

[10] 陈志民. 中文 AutoCAD 2012 实用教程. 北京：机械工业出版社，2011

[11] 叶曙光. 机械制图. 北京：机械工业出版社，2008.

[12] 李文. 机械制图. 天津：天津大学出版社，2008.

[13] 王晨曦. 机械制图. 北京：北京邮电大学出版社，2012.

[14] 周志国. 汽车机械制图. 天津：天津大学出版社，2010.